어종별 주요질병, 양식장 질병관리,
수산용 백신, 의약품 사용

어류질병 현장 가이드북

국립수산과학원 저

(주)바이오사이언스출판

책을 내면서

미래학자 엘빈토플러는 수산양식을 포함한 해양산업이 정보화시대 주력산업의 하나가 될 것으로 전망했고, 스마트폰과 하이브리드 자동차 부상을 예측한 미국의 윌리엄 하랄 교수도 2018년에는 수산양식이 세계의 주력산업으로 부상할 것으로 언급하고 있습니다. 이렇듯 양식은 인간에게 양질의 단백질을 공급하는 식량산업 육성을 위해 꼭 필요한 중요한 산업으로 발전가능성이 높은 활동입니다.

그러나 양식 생산량이 증가하고 종묘생산과 사육기술이 고도화되면서 사육환경의 악화와 어체 저항력 약화로 질병이 심각한 현안문제로 대두되고 있습니다. 어류질병의 발병 형태가 1980년대까지는 세균, 기생충성 질병이 주로 고수온기에 이들의 단독감염에 의해 발생되었지만, 1990년대부터는 고밀도 사육에 의한 스트레스와 연안오염 등과 함께 세균성, 기생충성 질병 및 바이러스질병이 연중발생하고 있습니다. 최근에는 이들 질병의 혼합 감염증과 바이러스성 질병 발생으로 이에 맞는 대책이 절실히 요구되고 있는 실정입니다.

1998년도에 발생한 돌돔의 이리도바이러스병, 2000년도 후반부터 넙치치어에 피해를 주는 바이러스출혈성패혈증(VHS) 등 전염성 질병발생이 산업의 성패를 좌우하게 되면서 질병관리의 중요성이 더욱 부각되고 있습니다. 이에 질병발생시 참고할 수 있는 관련 전공도서들이 출간되고 있으나 학술적인 내용으로 어업인들이 양식현장에서 쉽게 접하고 이해하기 힘들 것으로 생각되었습니다.

이번에 발간하는 「어류질병 현장 가이드북」은 수산전문 잡지, 논문, 책자 등에 분산되어 있는 어류질병 관련 자료들을 모아 어업인들이 현장에서 활용할 수 있는 내용과 이해할 수 있는 그림이나 표 형식으로 편집하였습니다. 또한 수산질병분야를 처음 접하는 어업인, 전공학생들을 위해 수산동물 질병에 대한 이해를 넓히고자 주요 해산어류 질병, 담수어류 질병, 시기별 양식장의 질병관리 방법과 수산용 백신, 수산용 의약품 사용법을 가이드북 형식으로 제작하였습니다. 추후 새롭게 발생되는 질병 발생사례에 대해서는 계속적인 연구를 통하여 수정과 보완할 계획이오니 본 가이드북을 활용하시는 분들의 조언과 협조를 부탁드립니다.

설명이 부족하고 내용이 누락된 사항에 대해서는 국립수산과학원 병리연구과의 전문가와 상의하여 주시기를 바라며, 일선 양식 현장에서 수산질병 관리와 함께 실질적인 도움이 되는 자료가 되기를 바라면서 본 자료집을 발간하고자 합니다.

2012년 6월

저자 일동

Contents

제1장 주요 해산어류의 질병과 대책

제2장
주요 담수어류의
질병과 대책

부 록

수산용 의약품 관련 법규 및 규정

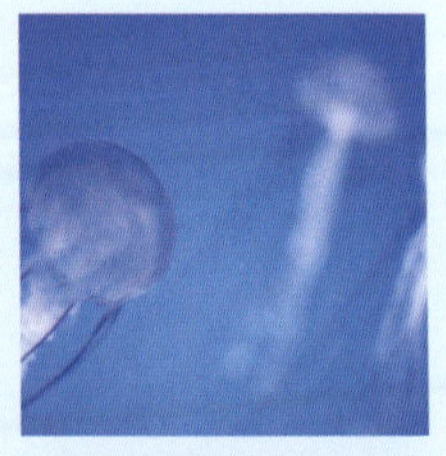

주요 해산어류의 질병과 대책

I

제 1 장 _ 주요 해산어류의 질병과 대책

1. 넙치

1) 바이러스성 질병

(1) 바이러스성 출혈성 패혈증

① 병원체 : Viral hemorrhagic septicemia virus (VHSV) (그림 1-1)

- 담수 연어과 어류뿐만 아니라, 유럽과 북미 지역의 다양한 해산어류에서 분리되고 있음

② 증 상

- 체색흑화, 복수저류로 인한 복부팽만, 탈장, 아가미 퇴색 등이 관찰 (그림 1-2)
- 병어를 해부해 보면 복강에 맑은 복수 또는 출혈성 복수가 차 있고 간의 충혈 현상이 나타남 (그림 1-3)
- 개체에 따라 신장이 비대되어 있거나 회백색으로 퇴색되어 있으며, 비장은 비정상적으로 비대

③ 감염어종 : 넙치

④ 역 학

- 국내에서도 2001년 이후 겨울과 봄의 저수온기에 양식 넙치에서 VHSV 감염에 의한 피해사례가 증가
- 외부증상으로 보아 에드와드병으로 보일 수 있지만 세균은 분리되지 않음

- 발병은 수온이 낮은 10~13℃의 겨울철에 발생하고 종묘 입식시기에 주로 발생하여 치어의 대량폐사를 일으킴
- 감염 표적 장기는 심장과 신장이며 이외에도 비장, 뇌, 근육, 아가미 등임

⑤ 진 단

- 세포배양법이나 PCR을 이용하여 진단 가능

⑥ 대 책

- VHSV는 자외선 조사($1 \sim 3 \times 10^{3}$ $uWs^{-1}cm^{-2}$)에 의해 불활화되며, 염소, 차아염소산 등과 같은 소독제에도 쉽게 불활화되므로, 양식장에서 기구와 수조를 소독해 주는 것이 효과적
- 다른 바이러스성 질병과 마찬가지로 VHS를 치료하는 화학요법제는 아직까지 개발되어 있지 않음

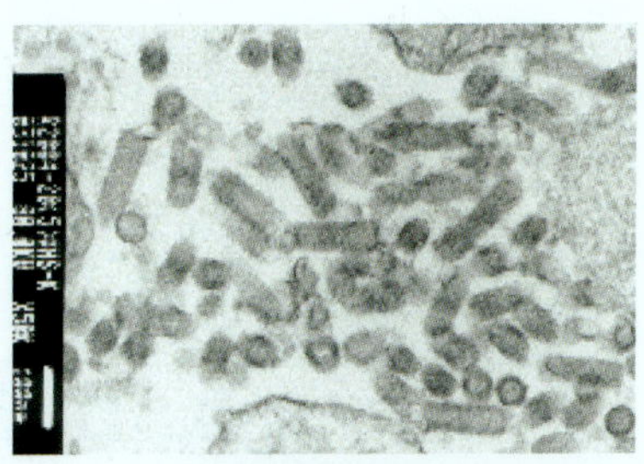

| 그림 1-1. 넙치에서 분리한 VHSV(전자현미경) |

| 그림 1-2. VHSV에 감염된 넙치(복부팽만, 탈장) |

| 그림 1-3. 복강내 출혈성 복수 저류 |

(2) 바이러스성 신경괴사증

① 병원체 : 어류 노다바이러스(β -Nodavirus 또는 viral nervous necrosis virus, VNNV)

② 증 상

- 감염어는 힘없이 유영하거나 선회 등의 비정상적인 유영행동을 보이며, 쇠약해지면 양식장 바닥에 가라앉아 폐사

③ 감염어종 : 넙치, 농어, 홍민어, 능성어 등

④ 역 학

- 국내에서 1990년 여름 남해안 가두리양식장에서 사육 중인 능성어에서 처음 발병

• 넙치에서는 부화 후 수 일 내의 자어에 주로 발생하나, 현재는 성어에도 발병하는 경향이 있으며, 발병하면 폐사율이 매우 높음

• 병의 진행은 매우 빨라, 감염증상이 나타나기 시작하여 1~2주일 내에 전량 폐사하게 됨 (그림 1-4, 1-5)

⑤ 진 단

• 세포배양법이나 PCR을 이용하여 진단이 가능하며, 조직학적으로 신경조직의 공포화로 진단

⑥ 대 책

• 뚜렷한 예방대책이 없으며 이 바이러스가 오염된 해수가 양식장으로 유입되지 않도록 주의해야 하며, 종묘생산장에서는 유입수를 자외선으로 살균하여 사용하는 것이 이 병의 예방에 효과적임

| 그림 1-4. 바이러스성신경괴사증에 감염된 넙치 치어 |

| 그림 1-5. 뇌부위 출혈 |

(3) 해양버나바이러스증

① 병원체 : 해양버나바이러스(Marine birnavirus) (그림 1-6)

② 증 상

• 감염어는 복부팽만, 체색흑화, 뇌와 척추 출혈 및 발적 증상을 보임 (그림 1-7)

• 병어는 수면을 힘없이 유영하기도 하고 바닥에 정착하기도 하고, 해부하면 복수가 고여 있으며 간장이 퇴색

③ 감염어종 : 방어, 넙치, 가자미 등

④ 역 학

- 이 바이러스는 수온 10~30℃에서 잘 증식
- 버나바이러스는 주로 치어기에 발병하는데, 감염어의 접촉과 분비물, 오염된 사육수 등을 통해 감염
- 이 바이러스는 18~20℃에서 증식이 빨라 자어 체내에 침입하여, 넙치의 방어력이 생기기 전에 증식하므로 폐사율이 높아짐
- 수온 15~18℃일 때 쉽게 감염되어 폐사를 일으키지만, 13℃에서는 폐사가 유발되지 않음
- 이는 바이러스는 검출되지만, 그 증식이 약하므로 넙치 자어가 저항력을 가지게 되어 발병되지 않았다고 생각됨
- 18℃에서는 바이러스의 증식 속도가 빨라서 넙치 자어의 방어력이 미치지 못한 탓으로 생각됨

⑤ 진 단

- 세포배양법이나 PCR을 이용하여 검출 가능

⑥ 대 책

- 발병 시기에 수온을 13℃로 유지시키는 것이 폐사율을 줄이는데 권장할 방법임

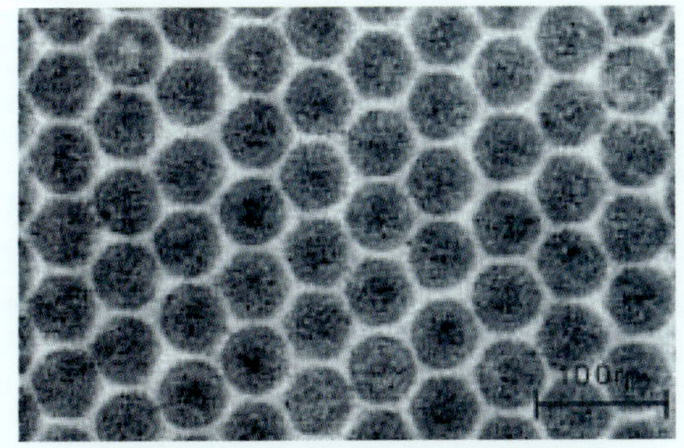

| 그림 1-6. 버나바이러스 입자(전자현미경) |

| 그림 1-7. 버나바이러스병에 감염된 넙치치어 |
– 복부팽만, 뇌와 척추부위의 충혈 및 출혈

(4) 이리도바이러스 감염증

① 병원체 : 메갈로사이티 바이러스(Megalocyti virus)

- 이 바이러스는 참돔과 돌돔에 대량폐사를 일으키는 병원체와 유전계통 분류에서 차이가 있어, 새로운 어류 이리도바이러스로 분류

② 증 상

- 감염된 넙치 치어(전장 10cm 전후)에서 체색이 검어지고, 복수가 차며 내부장기의 출혈과 빈혈 증상

③ 감염어종 : 넙치

④ 역 학

- 이 바이러스는 전염성이 매우 강하며 넙치의 경우는 치어기를 지나면 대량폐사는 발생하지 않음
- 발생 시기는 고수온기에서 수온이 하강하는 시기에 발생하며, 15℃ 이하에서는 보균상태로 유지되며 폐사는 발생하지 않음

⑤ 진 단

- 진단은 혈구세포 염색을 통한 이형비대세포의 관찰과 PCR법, 전자현미경 관찰

⑥ 대 책

- 치료법이나 뚜렷한 대책은 없으나 종묘 구입 시 바이러스의 감염확인이 반드시 필요

(5) 넙치랍도바이러스증

① 병원체 : 히라메랍도바이러스(Hirame rhabdovirus, HIRRV) (그림 1-8)

- 넙치의 일본식 이름을 따서 히라메랍도바이러스라 불림

② 증 상

- 외관증상은 체색흑화, 지느러미 기부와 끝부분, 체표의 복부 및 등 근육 내 출혈 (그림 1-9, 1-10)
- 내부증상은 복수가 차거나 근육내 출혈 또는 울혈이 특징적임

- 아가미 빈혈, 생식선 발적, 담낭의 황색화와 팽만 증상

③ 감염어종 : 넙치

④ 역 학

- 국내에서 HIRRV는 1980년대 후반기 겨울철에 발병된 예가 있으며, 최근에도 발생되는 질병임
- 15℃ 이하의 저수온기에 발생하며 폐사율은 비교적 낮으나 상품가치 저하에 의한 피해가 큼
- 치어에서 성어에 이르기까지 발병되며, 치어기에는 17.8℃에서 발병한 사례도 있음
- 수온 18~20℃ 이상이 되면 병원성이 떨어져 자연 종식

⑤ 진 단 : 세포배양법이나 PCR을 이용하여 검출 가능

⑥ 대 책

- 이 병은 실험 감염에서 수온을 15℃ 이상으로 올리면 병원성이 떨어지는 점으로 보아 수온이 발병과 밀접한 관계가 있음
- 넙치를 20℃ 이상으로 사육한다면 본 질병을 예방할 수 있으나, 실제 저수온기에 넙치 성어를 양식장에서 20℃ 이상으로 사육하기는 어려운 실정임

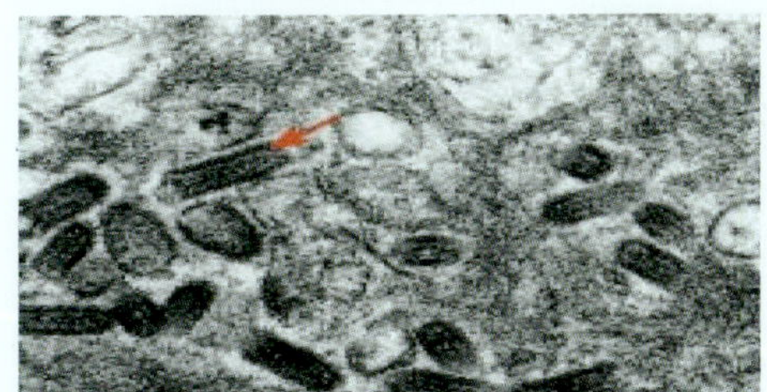

| 그림 1-8. 랍도바이러스입자(전자현미경) |

| 그림 1-9. 랍도바이러스에 감염된 넙치(체색흑화) |

| 그림 1-10. 랍도바이러스병에 감염된 넙치(지느러미와 체표의 출혈) |

(6) 림포시스티스바이러스병

① 병원체 : 림포시스티스 바이러스(Lymphocystis disease virus) (그림 1-11)

② 증 상

- 조직학적으로 피부의 결합조직과 양성 종양에서 비대세포 형성 (그림 1-12)
- 두부, 구강 및 체표의 거대종양, 아가미 빈혈 증상 (그림 1-13)

③ 감염어종 : 담수어류, 기수어류, 해산어류의 약 140종 이상에서 발견

④ 역 학

- 만성적 양성 질병으로 폐사는 드물게 나타나며, 바이러스의 감염은 스트레스 인자에 의해 증가

⑤ 진 단

- 외형적으로 넙치 체표, 등, 배, 꼬리지느러미에 종양을 형성하므로 쉽게 진단이 가능함 (그림 1-14)
- 전자현미경과 PCR법에 의해 진단 가능

⑥ 대 책

- 넙치 양식장에 종묘 입식 후 겨울에서 봄 사이에 종양이 형성되는데, 두부나 구강에 생긴 종양은 구강 내로 확산되어 사료섭이를 하지 못하거나 호흡장애가 발생되므로 인위적으로 종양을 제거해주면 이 병에 의한 피해를 줄일 수 있음
- 종양제거 작업을 할 경우, 반드시 상처부위의 소독과 수조 청소를 실시하여 2차 세균감염에 의한 피해를 예방해야 함
- 증상이 경미한 경우는 봄철 이후 수온이 상승하면서 자연 치유되므로 가능한 스트레스를 주지 않고 그대로 두는 것이 좋음
- 이 병은 현재까지 치료법이나 뚜렷한 대책이 없으므로, 치어 입식시 환수율을 높이고, 여과해수 사용 등으로 양식장 환경을 개선하는 것이 필요

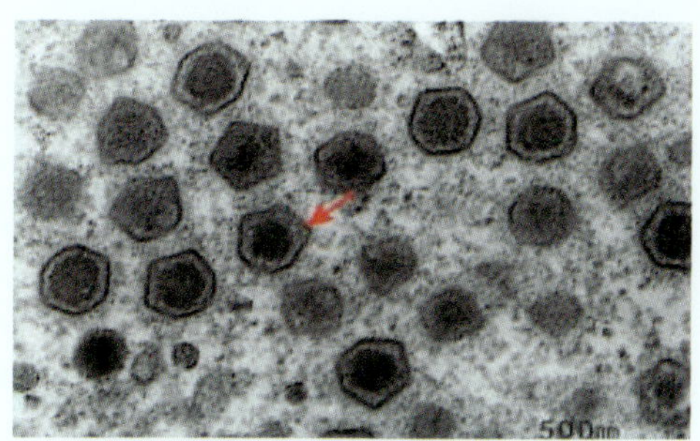

| 그림 1-11. 림포시스티스바이러스 입자(전자현미경) |

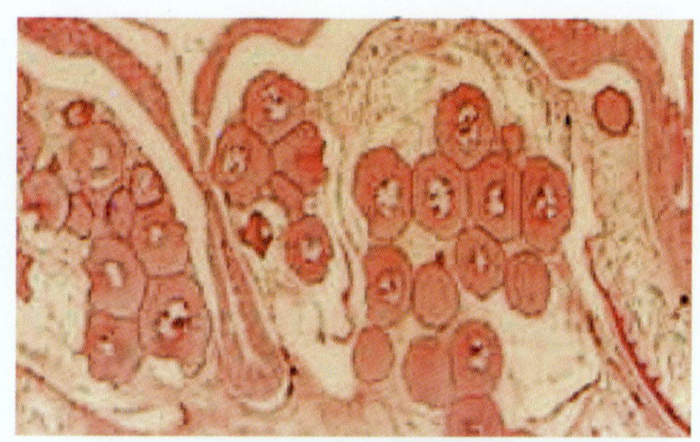

| 그림 1-12. 림포시스티스 종양조직의 비대세포 |

| 그림 1-13. 두부, 구강 및 체표의 종양, 아가미빈혈 |

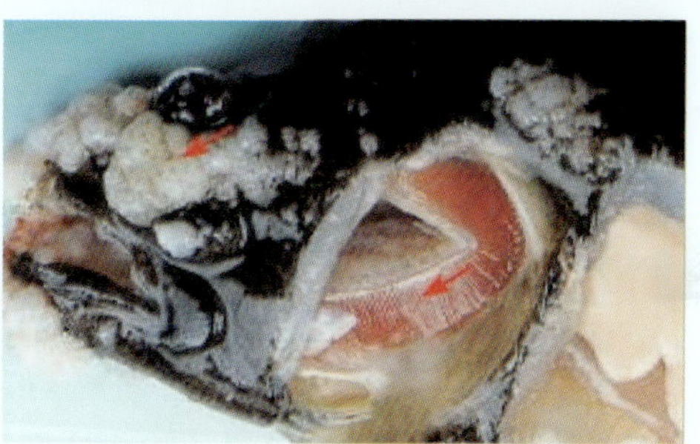

| 그림 1-14. 림포시스티스병에 감염된 넙치 |

(7) 상피증생증

① 병원체 : 허피스바이러스(Herpesvirus)

② 증 상

- 감염된 자어는 먹이를 먹지 않고, 여위면서 소화관 위축, 복부함몰, 체색흑화 등으로 힘없이 유영하다가 수조바닥에 가라앉아 폐사 (그림 1-15)
- 감염어는 지느러미 및 체표가 백탁되어 흐릿하게 변하고, 특히 지느러미 끝 부분이 말려들어 가는 것과 같은 증상이 나타남 (그림 1-16)

③ 감염어종 : 넙치

④ 역 학

- 부화 후 10~25일 된 체장 4~10㎜의 넙치 자어에 주로 발생

| 그림 1-15. 상피증생증에 감염된 넙치 자어 |

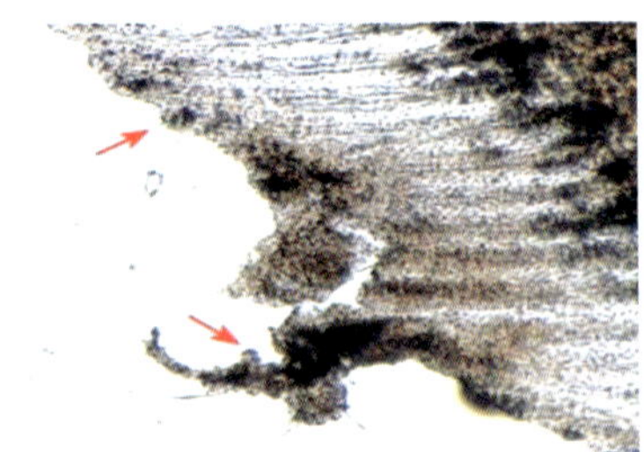
| 그림 1-16. 지느러미 탈락 및 상피세포 이상증생 |

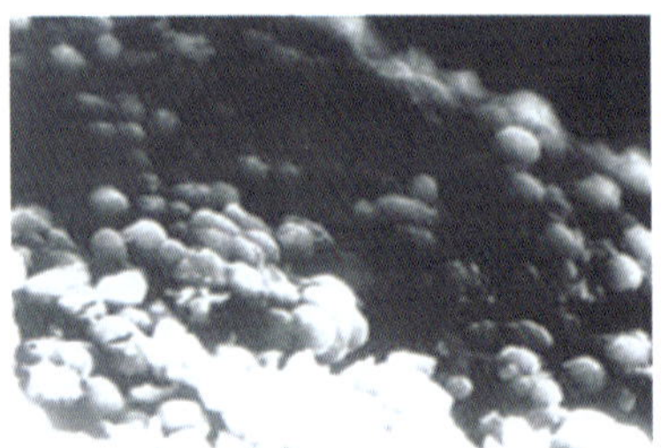
| 그림 1-17. 상피세포의 구형화(전자현미경) |

- 세포의 이상 증식을 특징으로 하며, 다른 조직에서는 뚜렷한 변화를 보이지 않음
- 질병의 진행속도는 비교적 빠른 편이며, 감염되면 사육수온 18~20℃에서 1주일, 늦어도 3주일 이내에 대량 폐사가 일어남
- 종묘 생산지에서 이 질병이 발생하면 그 해의 종묘에서는 반복해서 계속적으로 이 질병에 의한 피해를 입음

⑤ 진 단

- 현미경으로 표피와 지느러미를 관찰하면 수많은 공 모양의 세포를 볼 수 있음 (그림 1-17)

⑥ 대 책

- 뚜렷한 치료법이나 대책이 없으나, 수온을 15℃ 이하로 낮추면 폐사율 감소효과를 기대할 수 있으며, 용존산소를 높여주면 폐사가 줄어듦
- 수정란을 포비돈요오드 성분의 승인받은 수산용 제품으로 소독하면 피해가 감소
- 부화용수를 자외선 조사하면 피해를 최소화시킬 수 있음

2) 세균성 질병

(1) 에드와드병

① 병원체 : 에드와드균(*Edwardsiella tarda*)

- 현미경으로 관찰시 짧은 간균의 모양을 하고 있음 (그림 1-18, 1-19)

② 증 상

- 안구의 돌출, 백탁, 농양이 형성되고, 복부가 팽만하며 빨갛게 된 장이 항문에서 돌출되어 나타나는 것이 많음 (그림 1-20)
- 해부시 부패한 냄새를 동반한 출혈성 복수와 간, 비장 및 신장의 비대와 결절 형성 (그림 1-21)
- 병어는 먹이를 잘 먹지 못하고 체색이 검어지고 표층을 힘없이 유영하기도 하고, 중앙 배수 파이프 근처에서 수류를 따라 빙빙 돌거나 배수 파이프에 붙어서 죽기도 함

③ 감염어종 : 넙치를 포함한 해산어

④ 역 학

- 미성어부터 성어에 이르는 사육단계에서 발생하고, 병의 진행은 비교적 늦음
- 넙치의 사육밀도가 높아지고 먹이를 많이 주게 되어 수질이 악화되면, 에드와드균이 급격히 증식하여 질병을 유발
- 양식장에서 에드와드병이 발생하면 치료가 어렵고 장기간에 걸쳐 지속적으로 폐사가 일어남
- 수온이 23℃ 이상이 되는 5월에서 10월 사이에 유행되지만 고수온으로 갈수록 피해율은 증가하며, 가온시키는 순환수조에서는 연중 발생되는 경우도 있음
- 만성적으로 발병하기 때문에 장기간에 걸쳐 누적 폐사율이 높음
- 최근에는 연쇄구균증과의 합병증이 발병하는 경우가 많으므로 사육관리에 더욱 주의를 요함
- 혼합 감염증의 경향으로는 동일 수조 내에서 에드와드병 감염어와 연쇄구균증 감염어가 각각 있는 경우도 있지만, 일반적으로 동일 어체에서 에드와드균과 연쇄구균

이 동시에 검출됨

⑤ 진 단

- 세균배양법 (BHIA, SS 배지)
- 에드와드병의 특징인 악취성 복수, 탈장, 농양, 두부의 종창 등의 확인으로 간이 진단할 수 있음

⑥ 대 책

- 고수온기에는 환수율을 최대한 늘려주는 것이 좋으며, 사육수조 바닥의 찌꺼기 제거 등 사육환경을 깨끗이 해 주어야 함
- 고수온기에 사육밀도를 낮추어 넙치에 가능한 스트레스를 주지 않아야 함
- 일단 발병하면 약제를 투여해도 쉽게 치유되지 않으므로, 전문가에게 처방받은 항생제를 사용
- 최근에는 에드와드병과 연쇄구균증의 혼합백신이 개발되어 예방하는 것이 가능

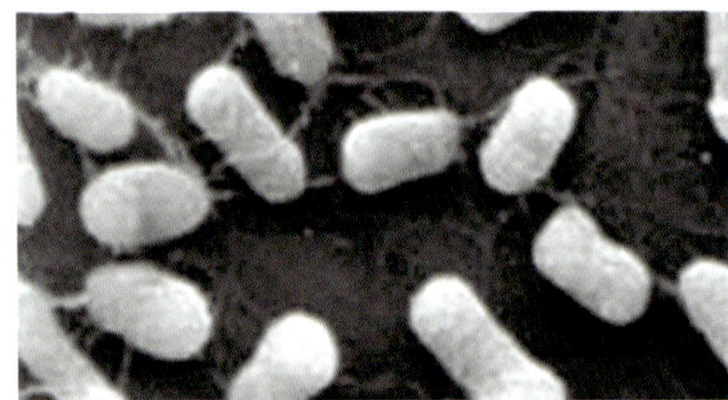

| 그림 1-18. 에드와드균(전자현미경) |

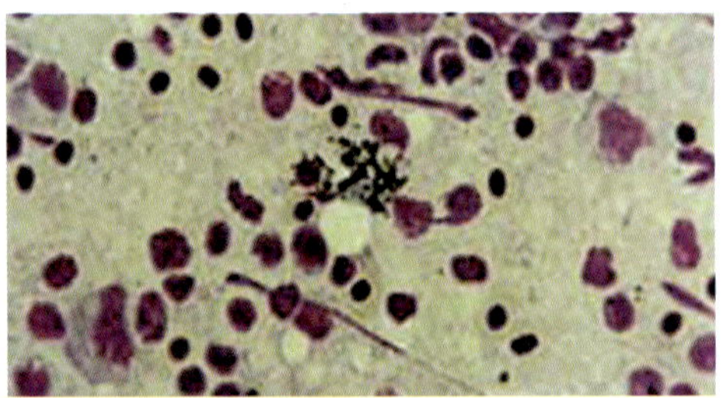

| 그림 1-19. 비장에 감염된 에드와드균(그람염색) |

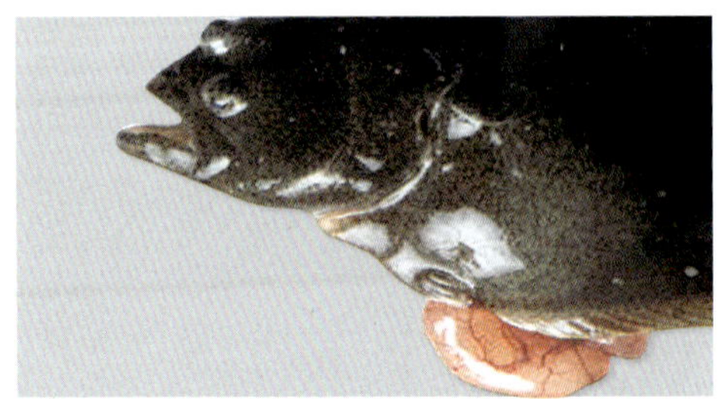

| 그림 1-20. 에드와드병에 감염된 넙치(체색흑화, 탈장) |

| 그림 1-21. 간 결절, 신장 비대 및 출혈성 복수 |

(2) 연쇄구균병

① 병원체 : 연쇄구균(*Streptococcus iniae, S. parauberis, Lactococcus garvieae, Streptococcus* sp.)

• 발생 시기나 발병 지역에 따라 세균의 종류가 다른 경우가 있음

② 증 상

• 외부증상으로 안구돌출, 백탁 및 충혈, 두부와 상하 턱의 발적, 아가미뚜껑 하부의 출혈, 아가미뚜껑 내측의 충혈, 그리고 아가미와 체표에 점액이 많이 분비되는 것을 볼 수 있음 (그림 1-22)

• 신장 및 비장 비대, 아가미의 빈혈과 부분적인 괴사 (그림 1-23)

• 해부시 간장의 울혈이나 퇴색, 장관의 발적, 복수 증상이 나타남 (그림 1-24)

• 간이나 신장의 병변, 복수증상으로 보아 에드와드병과 유사하지만, 연쇄구균증에서는 주요 장기의 결절이 보이지 않음

• 감염어는 먹이를 잘 먹지 못하고 완만한 유영을 보이거나 바닥에 흩어져 있으며 몸체를 반대로 뒤집고 머리를 올려 수면 위로 입을 열고 있기도 함

③ 감염어종 : 넙치, 조피볼락, 돌돔 등

④ 역 학

• 연쇄구균증이 발생하는 주요 요인은 사육환경의 악화 및 부적절한 사육관리와 관련성이 있음

• 이 질병은 여름철 고수온기에 질병 피해가 심한 것이 특징이므로 무엇보다도 예방대책이 절실히 요구되고 있음

• 연쇄구균증은 여름부터 가을에 걸쳐 비교적 고수온기에 발생하기 쉬우며 치어에서 성어에 이르기까지 나타남

⑤ 진 단

• 현미경에서 보면 둥근 구균들이 연결된 긴 사슬 모양을 하고 있음 (그림 1-25)

⑥ 대 책

- 기본적으로 고수온기에 접어들수록 양식 어류의 상태를 유심히 자주 관찰하여 이상 행동 여부를 파악해야 함
- 연령이 다른 개체와 같이 사육하지 않으며 죽거나 병든 개체는 빨리 제거하여 질병의 확산을 방지해야 함
- 평소 신선도가 양호한 사료를 공급하고 비타민제 또는 면역증강제를 투여하여 항병력을 증강시키는데 주력함
- 에드와드병과 합병증으로 판단되면, 전문가에게 처방 받은 효과있는 항생제 사용 (약제 투여시 최소 5일간 절식 후, 5~7일간 경구 투여)
- 치료 약제 선정시 먼저 연쇄구균에 감수성 있는 항생제를 투여하여 우선 치료 후, 에드와드균에 감수성 있는 항생제를 투여하는 치료 방식이 효과적임

| 그림 1-22. 연쇄구균증에 감염된 넙치(안구충혈) |

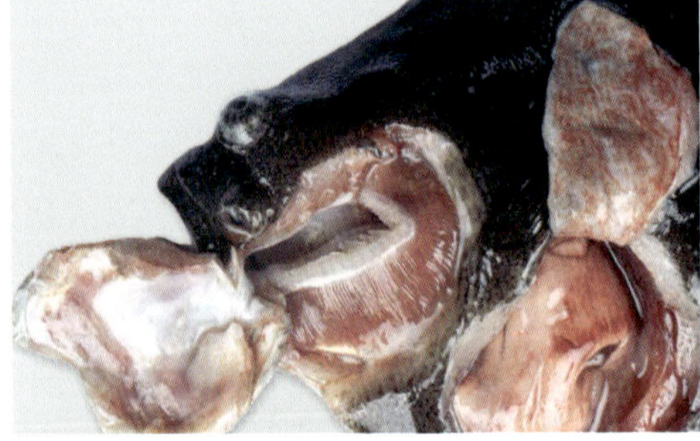

| 그림 1-23. 아가미뚜껑 내측 충혈, 신장 비대 |

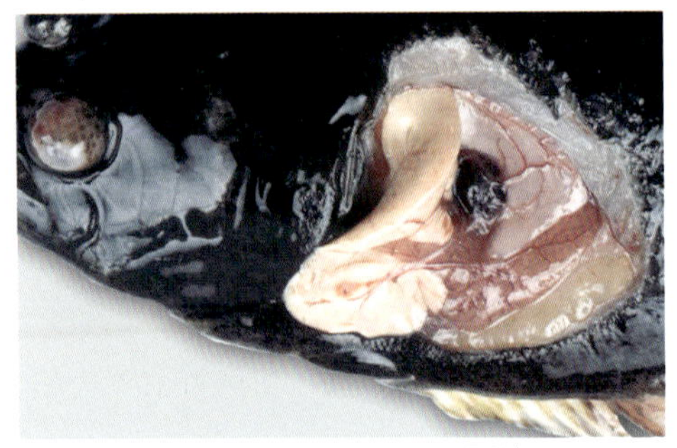

| 그림 1-24. 안구충혈 및 장 충혈 |

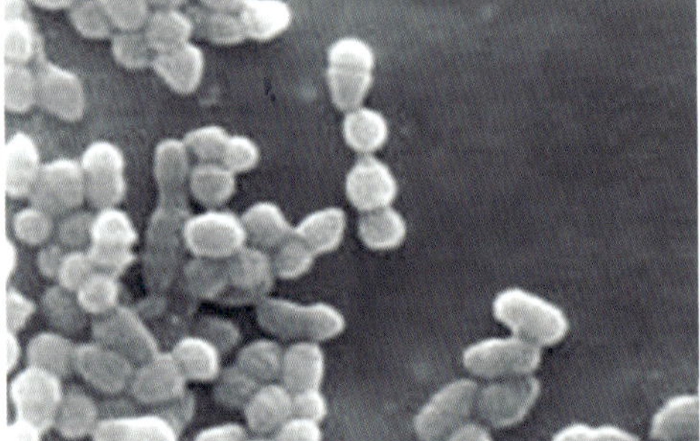

| 그림 1-25. 연쇄구균(전자현미경) |

(3) 비브리오병

① 병원체 : 비브리오균(*Vibrio anguillarum*)

- 현미경으로 관찰하면 짧은 간균으로서 약간 굽어진 모양을 하고 있음 (그림 1-26)

② 증 상

- 감염어는 체색흑화로 힘없이 떠다니거나 수조바닥에 가만히 붙어 정지해 있음
- 외부증상으로 병어는 등 부위의 부분적 발적과 궤양 형성, 복부 측면 충혈 증상, 지느러미의 출혈, 결손, 붕괴 및 기저부의 궤양이 보임 (그림 1-27)
- 궤양의 형태는 불규칙적이며 궤양부위는 표피에 출혈이 나타나면서 서서히 그 면적이 커지고 중심부는 진피가 붕괴되어 근육이 노출됨
- 병의 진행이 빠를 경우에는 궤양이 깊게 나타나고, 해부해 보면 간의 충혈과 퇴색, 복수의 고임 및 장의 점상출혈이 관찰됨

③ 감염어종 : 넙치를 포함한 해산어

④ 역 학

- 이 병은 연령에 관계없이 발생되며, 주로 6월부터 10월 사이에 발병하는 경향을 보이고 동절기에는 비교적 발생이 적음
- 육상수조와 해상 가두리 양식장 어느 쪽에나 발생
- 이 병은 넙치가 스트레스를 받거나 다른 세균성, 기생충성 및 영양성 질병이 발생하게 되면 쉽게 감염증을 일으키는 2차 세균성 질병임

⑤ 진 단

- 비브리오균 선택배지(TCBS)를 이용하여 배양하거나 PCR법을 통해 진단할 수 있음

⑥ 대 책

- 이 균은 해수 상존 세균이지만 단독으로는 질병을 일으키지 않는 기회 감염적 병원세균임
- 주로 선별이나 이동시 취급 부주의로 인하여 상처가 생기면 그곳을 통하여 감염이 일어나거나 다른 질병에 의한 2차 감염으로 피해가 발생함

- 예방을 위해서는 사육관리시 넙치에 물리적인 스트레스 요인을 주지 않도록 주의
- 발병시에는 전문가에게 처방받은 항생제의 경구 및 약욕 처리

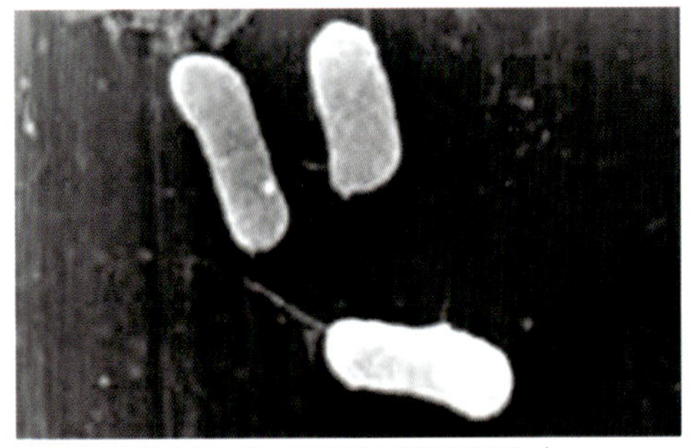

| 그림 1-26. 비브리오균(전자현미경) |

| 그림 1-27. 비브리오병에 감염된 넙치(등근육 출혈성궤양) |

(4) 장관백탁증

① 병원체 : 비브리오균(*Vibrio ichthyoenteri*)

② 증 상

- 감염어는 장관 조직이 박리되어 심한 장염이 생겨 대량 폐사되는데, 3~5일 만에 전멸하는 경우가 많음
- 증상을 나타내는 넙치 자어를 관찰해 보면 체색이 검어지고, 소화관이 위축되고 장기간 사료를 먹지 못하여 몸통 근육이 얇아지고 복부가 함몰되는 개체도 많음 (그림 1-28)

③ 감염어종 : 넙치

④ 역 학

- 이 병은 종묘 생산시 부화 후 2주일 무렵부터 착저기에 들어가는 자어에 나타나며, 감염된 자어는 장관(소화관)이 백탁되고 먹이를 전혀 먹지 않음 (그림 1-29)
- 비브리오균의 감염경로를 살펴보면, 균이 먹이생물의 배양과 함께 증식하고, 로티퍼 및 알테미아의 체내외에 부착하게 된 상태에서 먹이공급시 자어가 섭취하게 됨

- 이후 균이 장 상피에 증식하면서 감염증상을 일으키고, 질병발생 수온은 18℃ 전후 범위임
- 병의 진행이 급성형이므로 약제를 투여하여도 약의 효력이 나타나기 전에 대량 폐사하는 경우가 많음
- 부화 후 25~30일이 지난 시기는 자어가 주로 로티퍼 및 알테미아를 먹는 시기이므로, 먹이생물이 전염원이라고 할 수 있음

⑤ 진　단

- 비브리오 선택배지를 이용하여 균을 배양 또는 PCR을 통해 진단할 수 있음

⑥ 대　책

- 먹이생물을 배양할 때 병원균에 오염되지 않도록 해야 함
- 클로렐라를 고밀도로 사육하게 되면 병원균의 번식이 많아지고 로티퍼도 고수온에서 사육하게 되면 비브리오균의 번식이 많아지므로 사육해수는 여과하여 병원균이 없는 해수를 사용
- 이 병을 사전 예방하기 위해서는 배양한 로티퍼와 알테미아를 자어에 바로 먹이지 말고, 전문가에게 처방받은 항생제를 먹이생물에 1~2시간 정도 담가, 먹이생물의 체내에 약물이 충분히 흡수된 뒤에, 여과해수로 세척하여 먹이로 공급하는 것이 필요함

| 그림 1-28. 소화관 위축 |

| 그림 1-29. 넙치 장관의 백탁 |

(5) 활주세균증

① 병원체 : 활주세균(*Flexibacter maritimus*) (그림 1-30)

② 증　상

- 감염어는 수면이나 수류를 따라 힘없이 유영하는 것이 많음
- 외부증상은 등지느러미와 꼬리지느러미의 부식, 괴사 및 결손이 특징으로 관찰되며 체표의 궤양, 주둥이의 부식 및 아가미의 퇴색과 부식 그리고 점액과다 등을 나타내지만 특징적인 내부증상은 관찰되지 않음 (그림 1-31)

③ 감염어종 : 넙치를 포함한 해산어

④ 역　학

- 수온이 상승하기 시작하는 봄부터 고수온기인 여름에 걸쳐 각 양식장이나 종묘생산지에서 자주 발생되어 넙치 자어와 치어에 큰 피해를 일으킴
- 주로 환수율이 낮은 육상수조에서 잘 발생하며 폐사는 완만하게 진행되지만, 발생빈도는 높아 장기간 지속적으로 나타나므로 피해가 큼
- 이 병의 발생은 수온의 영향이 크게 작용하는데 해류에 따라 수온 차가 심하든지 냉수대의 출현 등 사육수의 수온 변화가 클 경우, 넙치는 스트레스를 크게 받게 되어 활주세균증의 발생이 증가
- 활주세균증은 밀식사육, 용존산소 과잉 및 격심한 수온변화 등이 넙치에 스트레스를 주면서 이 병원균의 침입을 쉽게 하여 발생
- 단독 검출되는 경우 보다 활주세균과 비브리오균, 트리코디나충, 스쿠티카충 등 다양한 세균과 기생충이 혼합감염되어 발생하는 경우가 많음

⑤ 진　단

- 광학현미경으로 관찰하면 긴 간균의 모양을 하고 있음

⑥ 대　책

- 밀식이 되지 않도록 사육밀도를 적절히 조절하고 환수량을 늘려 수질을 좋게 유지시키는 것이 질병 예방에 효과적임

- 출하를 위해 이동하거나 선별할 때는 가능한 스트레스를 주지 않도록 주의 하여야 하며, 일단 이 질병이 발생하면 병어를 신속하게 제거해서 다른 개체에 감염되지 않도록 막아야 함
- 감염어는 다른 병원균에 의한 2차적인 감염때문에 피해가 발생하기 쉬우므로, 조기에 전문가의 진단을 받아 처방받은 항생제의 약욕과 경구투여를 병용해서 치료하는 것이 좋음
- 종묘 도입 후 일정기간 지난후 선별을 하지 않으면 공식에 의한 상처가 발생하고 이 부위에 활주세균 감염이 일어나므로 선별 시기를 잘 지키고, 선별 후에는 반드시 전문가의 처방을 받아 항생제 약욕으로 이 질병을 예방하는 것이 좋음

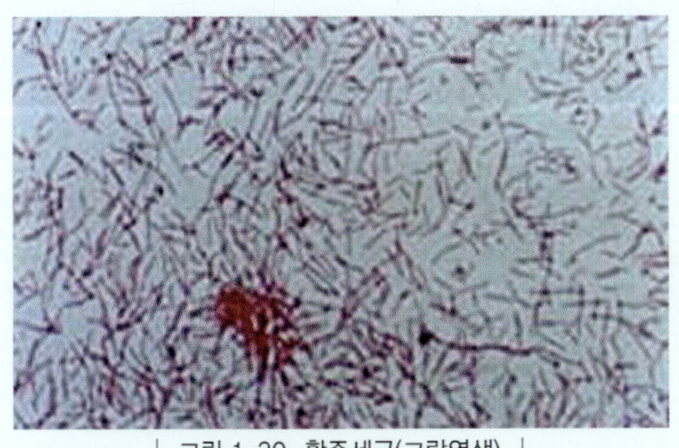

| 그림 1-30. 활주세균(그람염색) |

| 그림 1-31. 활주세균에 감염된 넙치(꼬리 및 지느러미부식) |

3) 기생충성 질병

(1) 스쿠티카증

① 병원체 : 스쿠티카충(*Miamiensis avidus*) (그림 1-32)

② 증 상

- 양식 넙치에 대부분 표피가 박리되고 근육층이 노출되는 궤양증이 만연하고 있으며, 종묘장에서는 두부나 체표가 하얗게 변하면서 치어가 대량 폐사 되는 경우가 많음 (그림 1-33)

- 감염어는 다양한 증상을 나타내며 체표 염증, 지느러미 연조 및 꼬리자루 노출, 두부손상(주둥이 출혈, 안구 백탁 및 돌출, 구강점막 울혈) 등이 특징
- 병어를 해부하면 감염 부위에 따라 뇌조직의 액화성 괴사, 결합조직의 융해 및 괴사를 나타냄

③ 감염어종 : 넙치를 포함한 해산어

④ 역 학

- 넙치 스쿠티카증은 1990년도 초반에는 주로 사육수온이 14~17℃로 유지되는 봄철, 종묘생산장의 치어 체표에 궤양을 형성하는 것이 특징적이었음
- 1990년도 중반부터는 겨울철에서부터 봄철에 걸쳐 발병 수온이 10~17℃로 확대될 뿐만 아니라, 치어에서 성어에 이르기까지 숙주 범위가 확대되는 경향
- 1990년도 후반 이후부터는 수온에 상관없이 연중 발생하는 경향을 보이며 또한 감염 어종도 확대되는 현상이 두드러지고 있음
- 스쿠티카충은 체표나 아가미뿐만 아니라 뇌에도 침입하여 감염을 일으킴
- 스쿠티카증은 감염종묘를 비롯하여 환수가 좋지 못한 사육수조에 상존하는 스쿠티카충이 감염원으로 작용하여 발생

⑤ 진 단

- 이 기생충은 방추형 또는 오이씨 모양으로 충체의 전신에 섬모를 가지고 있어 활발하게 운동하며, 앞 측면에 세포구를 가지고 있어 이것으로 숙주세포를 활발히 섭취

⑥ 대 책

- 예방을 위해서는 종묘장의 경우 먹이생물 배양조 내 사육지 시설의 철저한 소독과 정기적인 청소를 해야 하며, 로티퍼를 세척 후 공급하고 착저기 이후에는 환수량의 증대 및 자치어의 주기적 검사가 필요
- 양성장에서는 감염 종묘의 입식을 방지하고 사육수가 정체되지 않도록 만전을 기해야 하며, 중증 감염어는 발견 즉시 수거하도록 해야 함

- 경증 감염어(체표 또는 아가미에 기생된 상태)는 승인받은 수산용 포르말린 제품을 사용하면 구제가 가능한데, 100~200ppm(1시간 약욕) 농도로 감염 정도에 따라 처리해야 하며, 처리효과를 높이기 위해서는 약욕 후 수조를 청소하고 여과 해수를 공급하는 것이 좋음
- 뇌를 비롯한 내부기관에 기생한 스쿠티카충은 유효한 치료방법이 없는 실정임
- 따라서 조기진단에 따른 조치로서 뇌나 내부기관에 이 기생충이 감염되지 않도록 하는 것이 무엇보다 중요

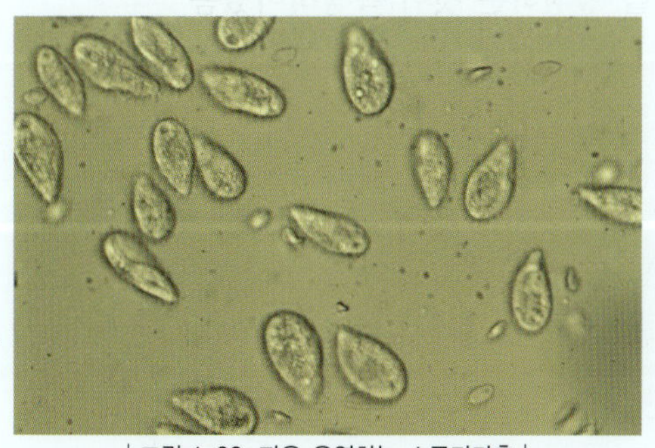

| 그림 1-32. 자유 유영하는 스쿠티카충 |

| 그림 1-33. 스쿠티카충에 의한 주둥이 발적 및 체표 궤양 |

(2) 백점병

① 병원체 : 해산 백점충(*Cryptocaryon irritans*)

② 증 상

- 감염어는 체표와 지느러미에 미세한 흰점이 관찰되며, 심한 경우 아가미뿐만 아니라 안구 등에서도 흰점이 나타남
- 병어는 과도한 점액 분비와 빈혈 증상을 보이며, 경우에 따라서는 배 측면 복부에 심한 궤양을 나타내고, 또한 먹이를 잘 먹지 않으며, 서서히 쇠약해져 사육조 가장자리에 힘없이 떠 있는 경우가 많음

③ 감염어종 : 넙치, 돔류, 농어 등

④ 역　학

- 해산 백점충의 형태는 매우 다양한데, 흔히 표피나 아가미에 육안적으로 관찰되는 흰 점은 이 기생충의 성숙한 영양체이며, 현미경으로 관찰하면 구형 또는 타원형으로 보이고, 충체 가장자리의 섬모를 이용하여 숙주에서 서서히 이동 (그림 1-34)
- 백점충은 피하조직 내에서 성숙한 후 수계로 방출
- 백점충 생활사 : 숙주인 어류에 기생하여 성숙(Trophont) → 해수에 방출되어 시스트 형성, 분열(Tomont) → 감염자충(Theront)을 생성, 다시 숙주어류에 기생함

⑤ 진　단 : 체표 점액과 아가미조직의 광학현미경 검경 (그림 1-35)

⑥ 대　책

- 이 기생충은 숙주의 표피 아래에 기생하므로 이때는 구제가 쉽지 않아서 어류로부터 이탈된 시기, 즉 Tomont 또는 Theront 시기에 구제 해야 함. 즉, 감염자충을 형성하기 전 단계의 백점충으로부터 어류를 격리시키는 것임
- 사육수조의 규모가 작은 종묘생산장의 경우,
  - 3일마다 깨끗한 수조로 사육어류를 옮김
  - 사육어류를 조류소통이 빠른 가두리에 적어도 10일 동안 수용
- 사육 수조의 규모가 대형이고 약제 처리가 불가능한 축제식 양식장의 경우,
  - 양식장 바닥에 깨끗하고 고운 모래를 1~2㎝ 정도 두께로 깔아줌
  - 3일 후 흡입 준설기로 모래를 빨아내고 다시 모래를 깔아줌
  - 동일한 방법으로 3일 간격, 4회 반복 실시
- 승인 받은 수산용 포르말린 제품을 이용하면 어느 정도 감염의 확산을 방지할 수 있으나, 백점충의 구충효과를 거두기 위해서는 반드시 전문가의 진료가 필요
- 단, 포르말린 사용시 제품의 포장에 기재된 휴약기간 및 배출수의 기준을 반드시 준수해야 함 (등장하는 모든 수산용 포르말린 제품이 해당됨)

| 그림 1-34. 자유유영하는 백점충 영양체 |

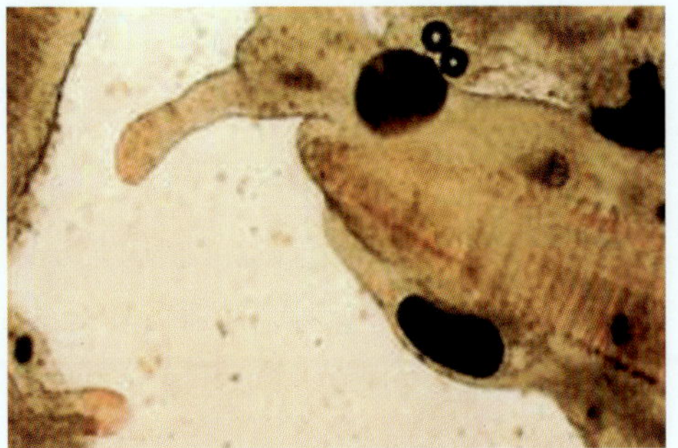
| 그림 1-35. 백점충 영양체 |

(3) 트리코디나증

① 병원체 : 트리코디나충(*Trichodina* sp.)

② 증 상

- 수질이 좋지 못한 양식장에서 피부색이 검어지면서 윤기가 없는 넙치를 종종 볼 수 있음
- 경우에 따라서는 표피가 벗겨지거나 궤양이 형성되며 아가미의 점액이 과다 분비되고 먹이를 잘 먹지 못하는 병어를 관찰할 수 있음

③ 감염어종 : 넙치를 포함한 해산어

④ 역 학

- 아가미나 표피에 기생해 상피세포를 갉아먹는 이 기생충으로 인해 대량 폐사된 사례는 없으나, 아가미나 체표에 손상을 주어 2차적인 질병을 유발하며, 병어는 먹이를 잘 먹지 못하여 행동이 둔해지고 서서히 여윔
- 넙치 아가미에 기생하는 트리코디나충의 수는 10~20여 마리이지만, 많을 때는 수천 마리가 기생되는 경우도 있으며, 이러한 넙치는 체색이 검어지면서 윤기가 없어짐
- 트리코디나충은 일반해수 중에서는 장시간 살지 못하나 숙주인 어류가 물리적인 요인 등으로 인해 점액을 과다 분비하게 되거나, 환수가 불량하여 수조 내 물이

정체된 구역이 생겨 수질이 악화되면 대량번식하여 질병을 일으킴

⑤ 진　단 : 표피나 아가미 점액을 광학현미경으로 관찰 (그림 1-36, 1-37)

⑥ 대　책

- 환수량을 최대한 증가, 수조바닥을 깨끗이 청소
- 물리적 스트레스를 최소화
- 트리코디나충은 아가미나 표피에 기생하는 외부 기생충이므로 육상수조 및 축제식 넙치 양식장에서는 약욕법으로 어느 정도 치료효과를 얻을 수 있음
- 전문가의 진료를 받아 승인된 수산용 포르말린 제품을 사용하여 어느 정도 구충효과를 거둘 수 있음

| 그림 1-36. 넙치 아가미에 대량 기생한 트리코디나충 |

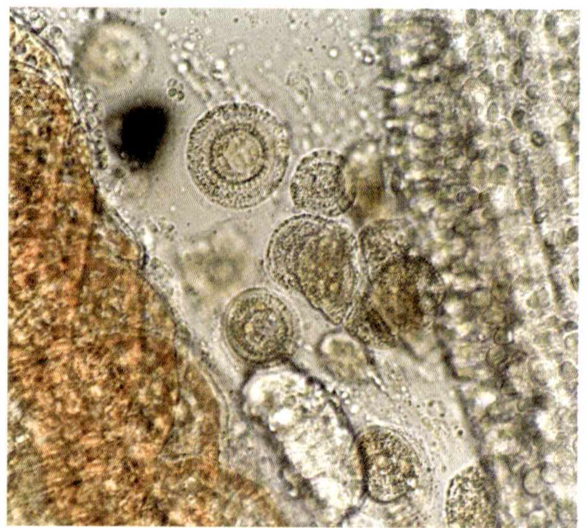

| 그림 1-37. 넙치에 기생한 트리코디나충 |

2. 조피볼락

1) 바이러스성 질병

(1) 림포시스티스 바이러스병

① 병원체 : 림포시스티스 바이러스(Lymphocystis virus)

② 증 상

- 어체 표면(두부, 꼬리, 지느러미, 안구, 구강)에 좁쌀 같은 유백색의 결절을 형성하며, 크기가 증가되면서 종양 형태로 관찰 (그림 1-38, 1-39)
- 종양은 유백색이나 출혈로 인하여 붉게 보이는 경우도 있으며, 종양 주변에 흑색색소포가 발달하여 검게 보이는 경우도 관찰

③ 감염어종 : 조피볼락, 넙치, 농어

④ 역 학

- 감염경로는 정확하게 밝혀져 있지 않으나, 입이나 상처를 통하여 감염되는 것으로 추정
- 이 질병으로 인한 직접적인 폐사는 심각하지 않으나, 상품 가치가 저하
- 종양으로 인한 상처에 2차 비브리오균이 감염하여 패혈증 발생으로 폐사되는 경우가 있음

⑤ 진 단 : 체표면, 구강주변, 지느러미에 종양형성으로 육안진단 가능

⑥ 대 책

- 고수온기가 지나 수온이 하강하면 자연 치유되는 경우가 있음

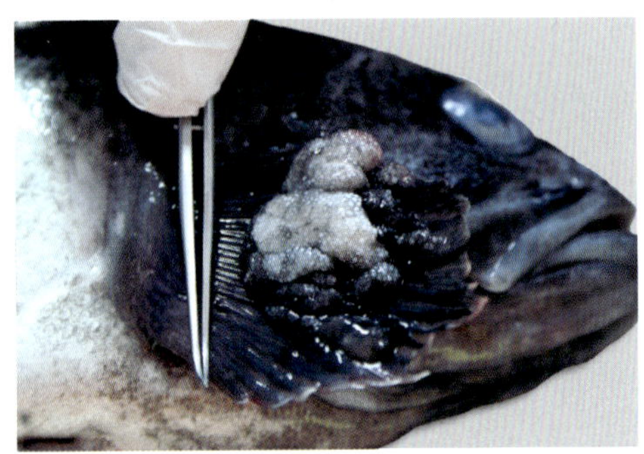

| 그림 1-38. 가슴지느러미 종양 |

| 그림 1-39. 꼬리지느러미 종양 |

2) 세균성 질병

(1) 연쇄구균병

① 병원체 : 연쇄구균(*Streprococcus iniae*) (그림 1-40)

② 증 상

- 안구돌출과 안구주변의 출혈, 아가미뚜껑 내측의 발적, 출혈, 농양, 꼬리지느러미와 가슴지느러미 기부 및 미병부의 발적, 출혈, 궤양성 농양의 형성 (그림1-41, 1-42)
- 심외막염, 복막의 유착과 출혈, 장관의 출혈성 염증, 간의 비대, 탈색, 출혈 (그림 1-43)

③ 감염어종 : 조피볼락, 넙치, 돌돔 등

④ 역 학

- 감염경로는 병원균이 오염된 사료를 매개로 한 감염
- 밀식, 오염 등으로 인한 감염어의 접촉에 의해 수평 감염
- 양식장마다 차이가 있지만 사육관리의 위생상태가 부적절한 양식장에서 잘 발생
- 당년어보다 2~3년어에서 여름철 고수온기에 주로 발생

⑤ 진 단 : BHIA, 혈액한천배지 및 PCR법에 의한 진단

⑥ 대 책

- 감염어를 약 5~7일간 절식시킨 후 감수성이 있는 항생제를 투여하는 것이 효과적
- 병어나 폐사체는 빨리 제거
- 신선도가 좋은 사료 투여, 과밀사육 방지
- 단일 사료의 장기간 투여 및 고수온기에 사료의 과잉 투여 금지

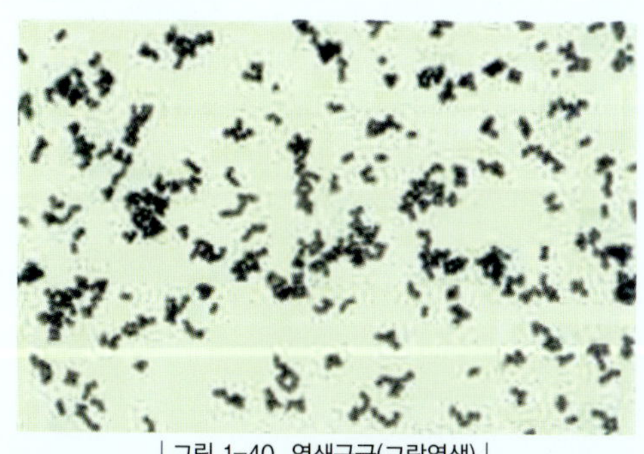

| 그림 1-40. 연쇄구균(그람염색) |

| 그림 1-41. 안구주변 충혈 및 백탁 |

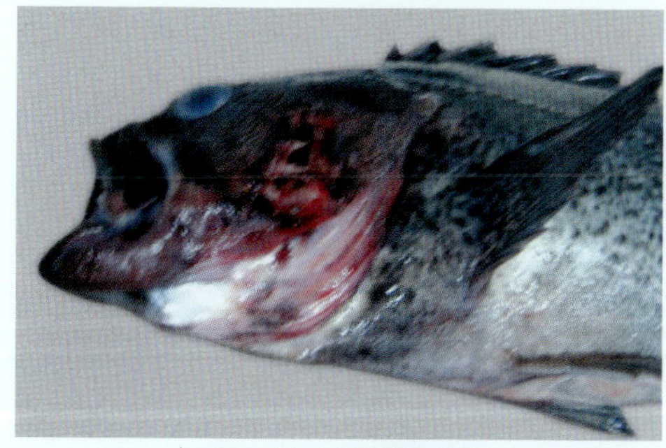

| 그림 1-42. 아가미뚜껑 충혈 |

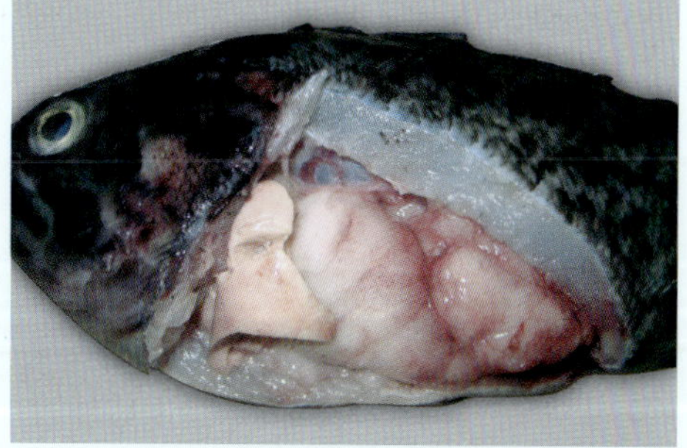

| 그림 1-43. 간, 장 발적 |

(2) 비브리오병

① 병원체 : 비브리오균(*Vibrio ordalii*)

② 증 상

- 죽기 직전의 병어는 두부의 결합조직에 세균증식으로 이상증상 관찰

- 아가미뚜껑 발적으로 전형적인 염증성 반응
- 체표 및 근육의 출혈성 궤양 (그림 1-44, 1-45)

③ 감염어종 : 조피볼락 치어

④ 역 학

- 발생시기는 조피볼락 치어를 해상가두리에 입식한 후 1~2주일이 지난 시기에 주로 발생하여 경우에 따라서 대량폐사 유발
- 5월에서 9월에 걸쳐 14~19℃의 수온상승기에 주로 유행하지만 수온 등 환경변화가 심한 11월에서 3월의 저수온기에서도 발생
- 가장 현저한 변화를 보이는 조직은 근육, 심장, 위 및 아가미
- 건강한 어체에는 감염되지 않지만, 이동이나 선별로 인한 스트레스와 체표의 상처를 통해 감염되어 질병을 유발

⑤ 진 단 : 배양법(BHIA, TCBS) 및 PCR법

⑥ 대 책

- 선별, 이동, 운반시에 가능한 스트레스를 줄이고, 상처가 생기지 않도록 취급주의
- 병어가 발생되면, 수산질병전문가에게 처방받은 항생제 투여
- 투약시기를 놓친 경우, 치료효과가 나타나지 않으므로 조기 발견하여 치료하는 것이 중요

| 그림 1-44. 체표 및 근육 출혈 및 궤양 |

| 그림 1-45. 체표 출혈성 궤양 |

(3) 활주세균증

① 병원체 : 활주세균(*Flexibacter maritimus*)

② 증 상

- 감염초기에는 체색흑화, 힘없이 유영하며, 체색 퇴색, 지느러미가 황백색으로 변하면서 붕괴되고, 아가미 조직을 광학현미경으로 관찰하면 활주세균을 관찰할 수 있음
- 꼬리지느러미가 퇴색 및 부식, 기부에서는 진피가 드러나면서 출혈 (그림 1-46)
- 병이 진행되면 아가미는 퇴색되면서 새엽의 일부 부식 및 탈락 (그림 1-47)

③ 감염어종 : 넙치, 조피볼락, 농어류, 돔류

④ 역 학

- 치어기에 밀식하는 경우, 선별, 이동, 운반 후에 물리적 스트레스로 인해 발생되며 대량폐사를 유발
- 체표면의 외상에 의한 2차 감염을 일으키기도 함
- 주로 봄과 가을철에 많이 발생하지만, 여름철에도 수온이나 수괴의 변화가 심한 경우 쉽게 발병
- 체표의 손상, 영양장애, 냉해 등으로 진피의 혈액 소통에 나쁜 영향을 받아 생긴 표피의 박리된 부위에 상존하던 세균이 침입
- 감염된 부위는 괴사, 비늘 탈락, 체표의 박리가 일어나며 2차적인 세균 감염에 의해 피부와 근육이 광범위하게 괴사

⑤ 진 단 : BHIA, Cytophaga medium, FMM, 현미경 검경

⑥ 대 책

- 사육밀도 분산, 수질 개선 등 스트레스 요인 감소
- 수산질병전문가에게 처방받은 항생제 투여
- 실내수조의 경우 약욕, 가두리의 경우 경구투여가 효과적
- 발병하기 전에 사전 예방이 바람직

| 그림 1-46. 꼬리지느러미 부식 및 결손 |

| 그림 1-47. 아가미부식 |

3) 기생충성 질병

(1) 아가미흡충병

① 병원체 : 마이크로코타일(*Microcotyle sebastis*) (그림 1-48)

② 증 상

- 아가미뚜껑을 들어 관찰하면 회색의 충체 관찰 (그림 1-49)
- 아가미의 빈혈과 점액 과다 분비와 상피세포의 증식이 일어남 (그림 1-50, 1-51)
- 아가미 부식 및 출혈 등 2차 감염증이 동반되기도 함
- 감염어는 체색이 검게 되면서 쇠약해지고 유영력이 저하됨

③ 감염어종 : 조피볼락

④ 역 학

- 사육 수온이 높아질수록 감염률과 감염 마리수도 현저히 증가
- 종묘의 산지별로 아가미흡충 발생여부 조사결과, 육상 종묘는 가두리 입식 전에 전혀 검출되지 않은 반면, 노지 종묘는 이미 아가미흡충 감염된 상태로 입식되는 것으로 조사됨
- 육상종묘의 경우, 가두리 입식 후 15~20일 만에 아가미흡충의 자충(어린개체)이 확인되었으며, 30~40일 만에 성충(큰개체)이 확인됨

- 투여 사료 종류에 따라서 모이스트펠렛(MP)을 투여하는 경우, 아가미흡충의 감염강도가 높아 빈혈을 일으킬 가능성이 높았음
- 피해는 주로 당년생 치어기에 발생되며, 감염은 연중 확인됨

⑤ 진 단 : 유생은 광학현미경 검경, 성체는 육안적으로 회색충체 관찰

⑥ 대 책

- 투약은 수산질병 전문가와 상의하여 실시하는 것이 효율적임
- 수온이 상승하기 시작하는 5월 이후부터는 해상가두리 양식장의 조피볼락 사육관리에 만전을 기하여야 함
- 입식 후 주기적으로 가두리망을 청소하거나 갈아주는 것이 필요함
- 경증의 감염어(아가미당 충체 10마리 이내)는 농염해수(8%, 5분) 약욕 처리함
- 중증의 감염어(아가미 당 충체 100마리)는 유효성분이 프라지콴텔인 승인받은 수산용 구충제를 투여함

| 그림 1-48. 마이크로코타일충 |

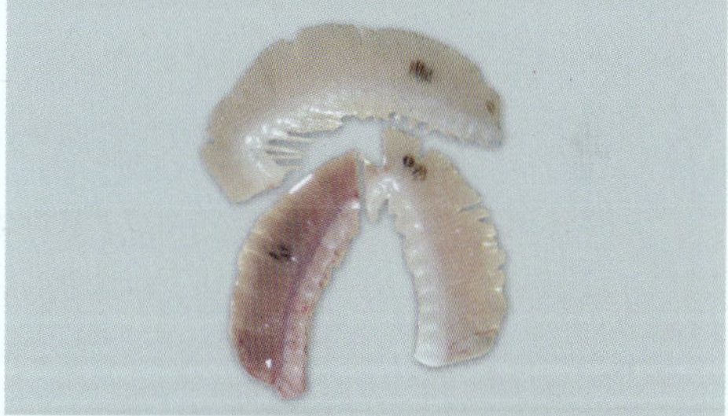

| 그림 1-49. 아가미에 기생한 마이크로코타일충 |

| 그림 1-50. 아가미빈혈 |

| 그림 1-51. 상 : 정상 하 : 아가미흡충 감염어(빈혈) |

(2) 클라벨라병

① 병원체 : 클라벨라충(*Clavela* sp.) (그림 1-52)

② 증 상

- 육안적으로 지느러미 연조에 단단하게 부착한 기생충을 확인 (그림 1-53)

③ 감염어종 : 조피볼락

④ 역 학

- 성숙한 성체는 두흉부와 몸통 및 알주머니로 이루어져 있음
- 이 충은 수온 14℃에서 포란한 성체는 약 3~5일 만에 알을 방출하며, 방출된 알은 1~2시간 후에 노플리우스 유생으로 부화함
- 부화후 1~2시간 만에 탈피한 후 다시 수 시간 만에 코페포다 유생으로 변태하여 조피볼락에 기생하게 됨
- 겨울철 저수온기의 해상가두리에서 사육 중인 조피볼락의 지느러미 종단부에 클라벨라충이 종종 발견됨
- 이 충은 암컷이 조피볼락의 지느러미와 체표에 부착하여 기생하나 직접적인 폐사를 유발하지는 않는 것으로 알려져 있음
- 3~5월에 100%의 감염률을 나타내며, 수온상승기인 6~7월에는 감염률이 50~70%로 감소되고, 고수온기에는 거의 검출되지 않는 경향임
- 림포시스티스병 또는 연쇄구균증, 비브리오병 등과 함께 복합감염증을 일으키기도 함

⑤ 진 단 : 육안 진단 및 입체현미경 관찰

⑥ 대 책

- 개발된 치료제는 없으나 예방대책으로 주기적인 망 교체와 밀식을 줄이는 것이 효과적임

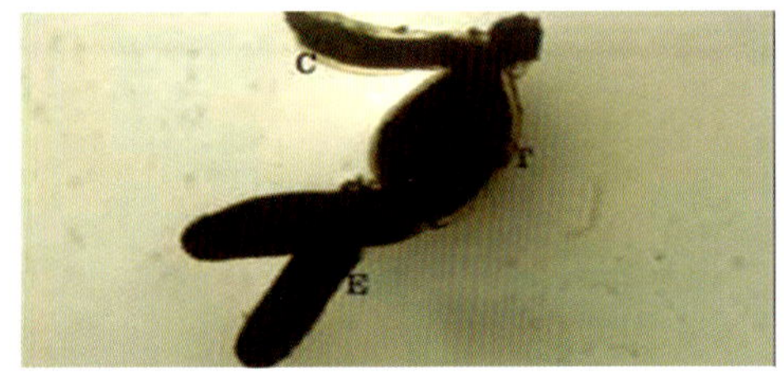

| 그림 1-52. 성숙한 클라벨라충 |

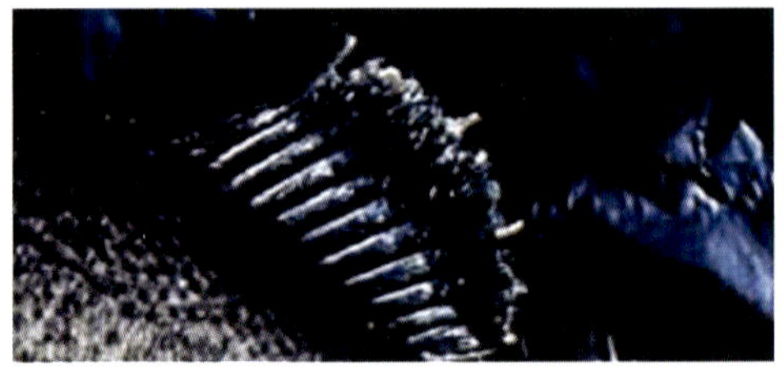

| 그림 1-53. 조피볼락 지느러미에 기생한 클라벨라충 |

4) 영양성 질병

사료로 인해 발생되는 질병 중에는 산화지방 중독, 부패 사료 중독, 비타민 결핍, 단백질 변성 사료 등에 의한 질병이 있다. 산화된 지방이 함유된 생사료를 먹었을 때 중독이 일어난다. 정어리나 멸치 등은 고도의 불포화 지방산을 지니므로 쉽게 산화된다. 변패된 사료를 투여하면서 정기적으로 해부하여 관찰하면, 지방변색이 진행되어 가는 것을 관찰할 수 있다. 이 질병은 변패된 사료를 먹은 후 증상이 바로 나타나는 것이 아니라, 서서히 진행되며 보통 15~20일 후에 증세가 나타나며 폐사되기 시작하고, 심하면 폐사량이 지속적으로 증가한다. 병어의 장기, 복막 등에서 유착이 진행되고 소화관 내에는 먹이가 전혀 보이지 않는다. 산패된 사료를 경구적으로 투여한 조피볼락의 지방조직 내에 침투되어 염증과 유착이라는 형질로 변한다. 이와 같은 현상을 "사료기인성 지방산 중독"이라고도 한다.

지방이 산화된 멸치나 정어리를 방어에 투여하면 혈관이 약해져서 약간의 자극으로도 혈관이 파열된다. 특히 아가미 모세혈관이 쉽게 파열된다. 때로는 병어가 발광하는 경우도 있다. 심한 빈혈상태가 되고 체색이 옅어지며 점액이 이상 분비된다. 내장의 각 장기는 울혈로 검어지고 간장은 흑변, 갈변 등의 증상을 나타낸다(그림 1-54).

근육, 내장, 뇌 조직 지방이 황갈색으로 변해 내장이나 복강에 유착되는 특징을 지닌다(그림 1-55). 두개골 내 지방도 황색으로 변해 두부골격이 괴사, 체외부로 퍼지기도 한다. 이와 같은 경우 두부 표피가 파열하는 경우도 있다. 이러한 경우, 병리조직학적 관찰에 의하면 간 실질조직이 암갈색으로 색소가 침착되어 있고 괴사된 부분이 관찰된다. 비장, 신장, 간 조직에서도 세로이드(Ceroid)가 관찰된다. 초기에는 갈색으로 보이며(그림 1-56), 심해진 경우 검은색의 세로이드를 관찰할 수 있다(그림 1-57). 특히 병어의 뇌실 내 지방조직이 황색이나 황갈색으로 변질되어 있으며 소화관점막 지방조직에 황갈색 병변을 관찰할 수 있다.

양식장에서는 사료 관리에 특히 신경을 써야 한다. 생사료 보관은 -20℃의 냉동실 온도를 일정하게 유지하여야 하며, 배합사료도 냉장보관하면서 습기가 차지 않도록 해야 한다. 생사료는 태양광선에 직접 노출되지 않도록 그늘에서 해동하는 등 사료의 변질을 예방하는 세심한 주의가 필요하다.

이러한 증상이 보이면 현재까지 투여한 먹이는 즉각 중단하고, 일정기간 절식한 후 산화되지 않은 신선한 사료를 투여한다. 사료에 비타민 C와 E가 함유된 종합 비타민, 대사활성제인 글루타치온(Glutathione)을 투여하면 증상완화에 도움된다.

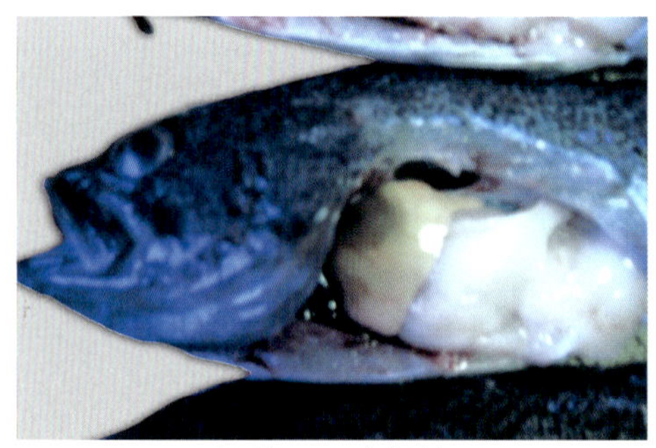

| 그림 1-54. 간 흑변 |

| 그림 1-55. 복강 내 세로이드 덩어리 |

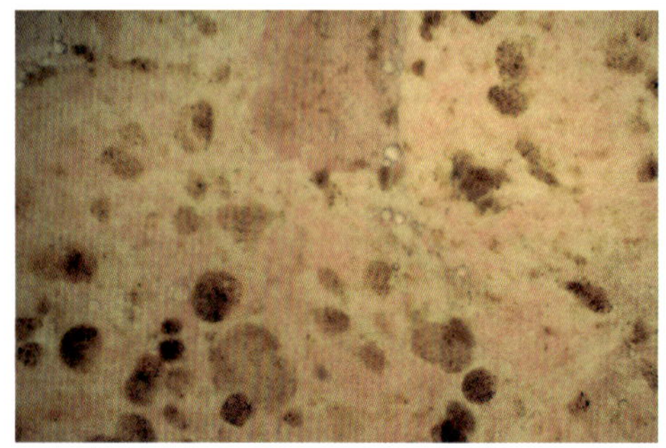

| 그림 1-56. 비장 세로이드(초기) |

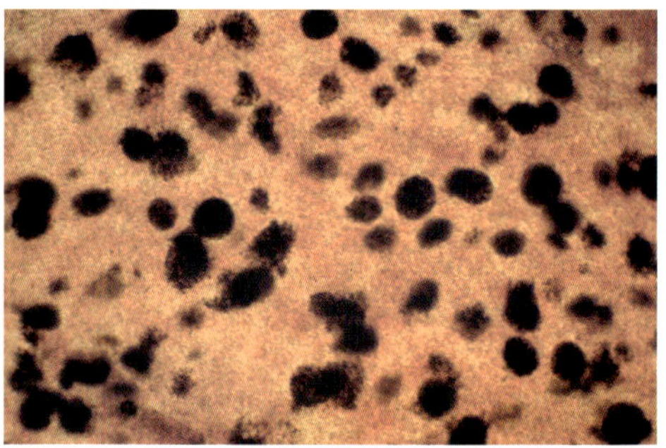

| 그림 1-57. 비장 세로이드(말기) |

3. 돔류(돌돔, 참돔, 감성돔)

1) 바이러스성 질병

(1) 이리도바이러스 감염증

① 병원체 : Red seabream iridovirus(RSIV) (그림 1-58)

② 증 상

- 체색흑화, 안구 충혈 및 돌출, 수면 가까이에서 힘없이 유영하며, 아가미 퇴색으로 심한 빈혈증상을 나타냄 (그림 1-59)
- 아가미 새판의 출혈, 체표나 지느러미가 결손되는 것이 보임
- 해부시 비장 비대(그림 1-60), 비장 조직에 이형비대세포가 관찰 (그림 1-61)

③ 감염어종 : 돌돔, 참돔

④ 역 학

- 이 병은 1990년 일본의 양식 참돔에서 처음 발생된 이래 돔류, 방어, 농어, 전갱이, 넙치, 조피볼락 등에도 감염되어 큰 피해를 주고 있음
- 폐사율은 치어일 경우 높게 나타나며 전량 폐사하는 경우도 있음
- 우리나라에서는 1998년 여름 남해안 일원의 해산어 가두리 양식장 돌돔에서 발생되어 90% 이상의 대량폐사를 일으켰음
- 현재까지 조피볼락, 농어 등에도 감염이 확인되고 있으며, 동해안, 서해안 지역에서도 발생됨
- 수온 15~30℃에서 감염 가능하며, 20℃ 이상에서 폐사가 발생함

⑤ 진 단 : 비장의 Hemacolor 염색, PCR법, 전자현미경 관찰

⑥ 대 책

- 고수온기에 어류의 선별, 이동 금지, 저밀도 사육, 신선한 사료공급
- 스트레스를 줄이고 질병발생 이전에 비타민제, 면역증강제 투여로 사전에 항병력 강화시킴
- 발병 후에는 면역증강제를 투여하여도 효과가 없으며 사료 급이량을 50% 이하로 감소
- 종묘 입식시 이리도바이러스의 감염유무를 검사 후 입식하여야 함
- 주변양식장의 질병발생 동향을 주의깊게 파악하여야 함

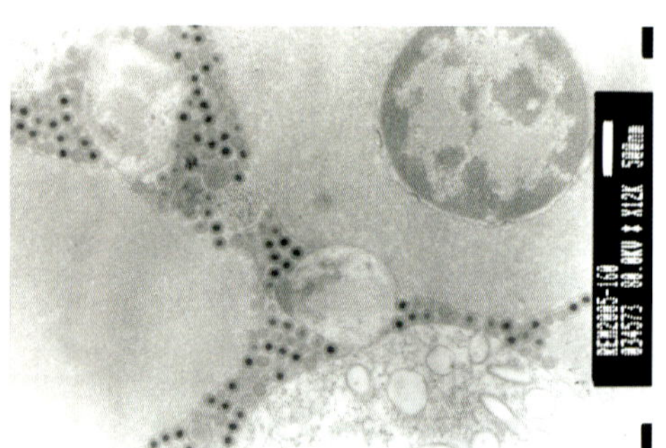

| 그림 1-58. 돌돔이리도바이러스(전자현미경) |

| 그림 1-59. 이리도바이러스병에 감염된 돌돔 (채색흑화, 안구 내 출혈) |

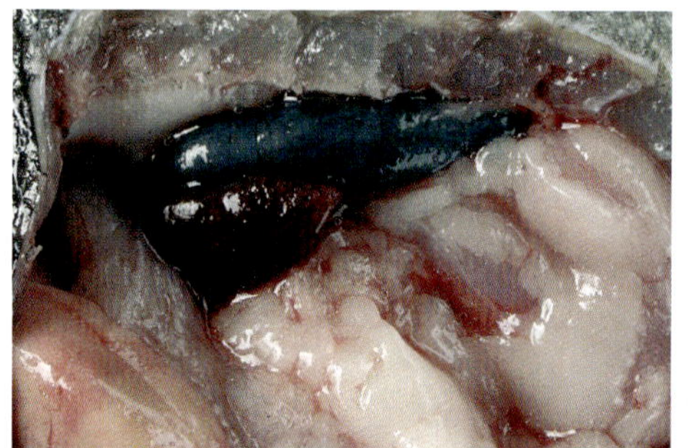

| 그림 1-60. 돌돔 비장 비대 |

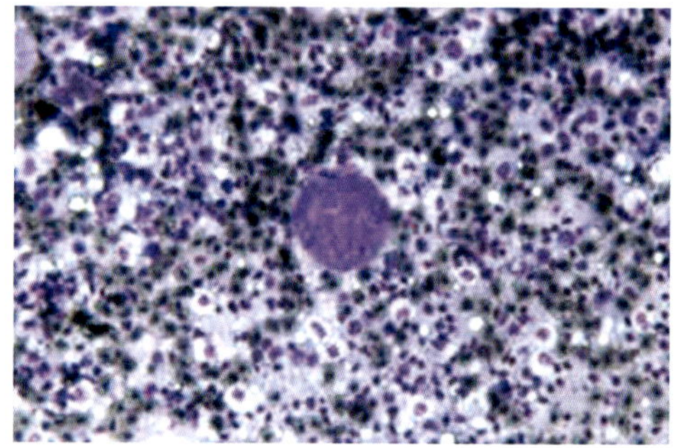

| 그림 1-61. 비장 이형비대세포(헤마칼라염색) |

(2) 림포시스티스바이러스병

① 병원체 : 림포시스티스 바이러스(Lymphocystis virus)

② 증 상

- 육안적으로 지느러미에 종양 집단 형성

③ 감염어종 : 참돔

④ 역 학

- 수송이나 망갈이 등의 스트레스를 주는 경우에 발병
- 저수온기에 발생하는 경우가 많으며, 봄에서 여름에 걸쳐 발생
- 폐사하는 경우는 거의 없으나 외형상 상품가치를 떨어뜨림
- 이 병의 정확한 감염 경로가 밝혀져 있지 않아 현재까지 치료법이나 뚜렷한 대책은 없으며, 밀식, 환수율 부족 및 수질오염 등 환경이 악화되었을 때 병의 발생과 확산이 빠르고 피해가 큼

⑤ 진 단 : 육안적 진단, 전자현미경 및 PCR 진단법

⑥ 대 책

- 밀식방지, 그물갈이, 물리적 스트레스 예방 등 양식장의 환경 개선이 필요하며 자연치유가 되기도 함

2) 세균성 질병

(1) 저수온기 비브리오병

① 병원체 : 비브리오균(*Vibrio* sp.)

② 증 상

- 외부증상은 안구돌출 및 백탁이 주 증상이며 아가미뚜껑의 발적이나 부어오름, 체측 근육부의 백탁, 꼬리 자루부위의 종창이나 출혈 등이 나타나며, 활주세균 감염 증상과 유사함

- 상피세포의 박리와 염증이 일어나며, 병의 증상이 진행되면 진피조직의 붕괴와 궤양이 나타남
- 비늘이 탈락되기도 하고(그림 1-62), 지느러미가 붕괴되면서 융해되어 뼈가 노출되는 개체가 관찰되는 경우도 있음
- 해부시 장기의 점상 충혈과 장염이 심하며(그림 1-63), 저수온기에 사료를 먹지 못해 아가미와 내장은 심한 빈혈증상을 보임

③ 감염어종 : 참돔, 감성돔, 돌돔

④ 역 학

- 이른 봄이나 늦은 가을에 수온 10~20℃에서 이동이나 선별, 스트레스에 의해 발생하며, 수온 15℃ 이하에서 사료를 공급하였을 때 발생됨

⑤ 진 단 : 배양법(BHIA, TCBS) 및 PCR법

⑥ 대 책

- 저수온기에는 돔류의 식욕이 저하되는 시기이므로 항생제의 경구투여나 약욕에 의한 치료는 곤란함
- 양식과정 중 사료찌꺼기나 이물질에 의한 그물막힘을 방지하기 위해, 저수온기가 되기 전에 망갈이를 완료하고 어류에 외상과 스트레스를 주지 않아야 함
- 평소 항병력 저하를 방지하기 위해 종합비타민, 간기능 강화제 및 면역증강제 등을 투여하여 사전 건강관리에 만전을 기하여야 함

| 그림 1-62. 비늘탈락 및 체표궤양 |

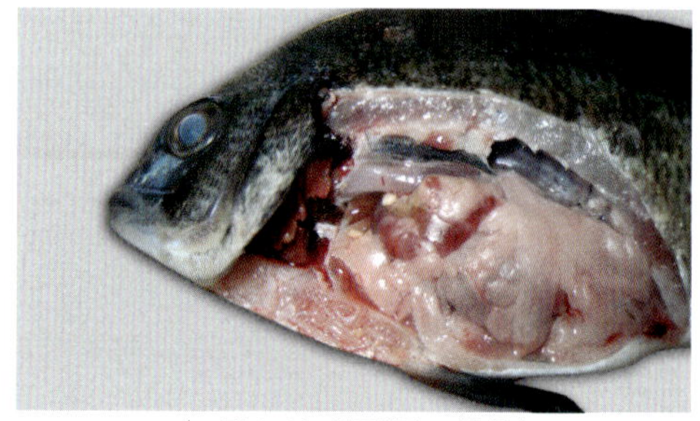

| 그림 1-63. 안구백탁, 장충혈 |

(2) 연쇄구균병

① 병원체 : 연쇄구균(*Streptococcus* sp.) (그림 1-64)

② 증 상

- 체색흑화, 안구돌출, 출혈, 충혈, 백탁 및 안구 가장자리 출혈 및 종창이 나타남
- 주둥이 가장자리의 출혈, 복부팽만, 지느러미 기부 발적 및 출혈 등이 나타남
- 복수, 장 및 유문수의 충혈, 뇌충혈, 비장의 비대와 내장의 종창관찰. 심할 경우, 아가미 부식 증세를 나타내기도 함 (그림 1-65)

③ 감염어종 : 돌돔

④ 역 학

- 연쇄구균증의 주요 감염원은 생사료로 구입 시 선택과 보관에 주의

⑤ 진 단 : 배양법(BHIA) 및 PCR법

⑥ 대 책

- 밀식방지, 망갈이 등 주변환경 청결
- 5일 정도 절식 후, 항생제를 혼합한 사료를 주면 치료효과를 기대할 수 있으나 장기간 사용하면 내성이 생길 가능성이 있으므로 주의
- 수온 25℃ 이상의 고수온기에는 그물갈이, 선별 금지 등 스트레스를 최소화하며, 사료 투여량이나 횟수 감소, 신선한 사료 투여

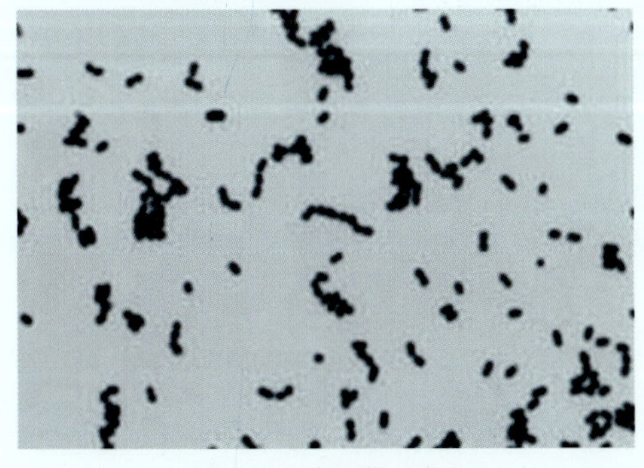

| 그림 1-64. 연쇄구균(그람염색) |

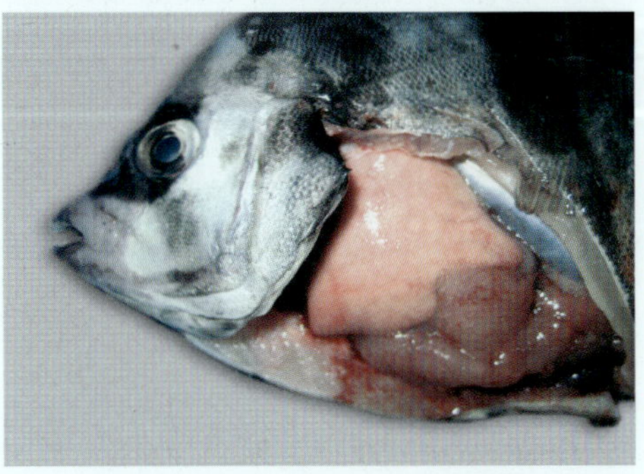

| 그림 1-65. 돌돔 연쇄구균증(간, 장출혈) |

3) 기생충성 질병

(1) 아가미흡충병

① 병원체 : 비바기나충(*Bivagina tai*) (그림 1-66)

② 증 상 : 아가미빈혈 및 아가미부식 (그림 1-67)

③ 감염어종 : 참돔

④ 역 학

- 이 기생충에 감염된 어류는 식욕 저하로 사료를 잘 먹지 않음
- 경감염의 경우에도 어류에게 스트레스로 작용하므로 면역력 저하와 2차 세균감염이 유발되기도 함

⑤ 진 단 : 충체가 큰 경우, 육안 관찰이 가능, 광학현미경 관찰

⑥ 대 책

- 담수욕으로 치료하며, 수산용 포르말린 약욕에 의해서도 어느 정도 구제효과를 얻을 수 있으나, 약욕시 가능한 스트레스의 최소화 필요

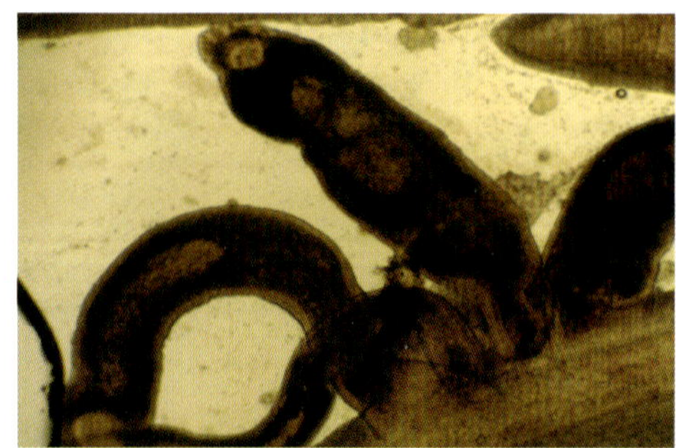

| 그림 1-66. 참돔 아가미에 기생한 비바기나충 |

| 그림 1-67. 아가미흡충 흡혈에 의한 빈혈 |
(상 : 정상혈액; 하 : 빈혈)

(2) 베네데니아증

① 병원체 : 베네데니아충(*Benedenia hoshinai*) (그림 1-68)

② 증 상

- 다수 기생하면 2차 세균감염에 의해 지느러미가 결손되거나 체표 궤양을 일으킴 (그림 1-69)
- 꼬리부분 또는 체표 측선에 기생하기 쉬움

③ 감염어종 : 돌돔, 참돔, 감성돔

④ 역 학

- 돔의 연령에 관계없이 나타나며, 특히 활력이 저하되는 가을부터 이듬해 봄 사이에 발생하기 쉬움. 2차로 비브리오균 또는 활주세균에 감염되면 폐사량이 증가하므로 주의해야 함

⑤ 진 단 : 담수에 담그면 흰색의 충체 형태 확인, 현미경관찰

⑥ 대 책

- 담수욕으로 구제가 가능하나, 중증인 경우는 전문가에게 처방받은 항생제로 약욕을 실시하여 2차 세균감염을 예방해야 함
- 약욕 실시 후에는 재감염을 방지하기 위해서 가두리 망갈이를 실시하는 것이 효과적임

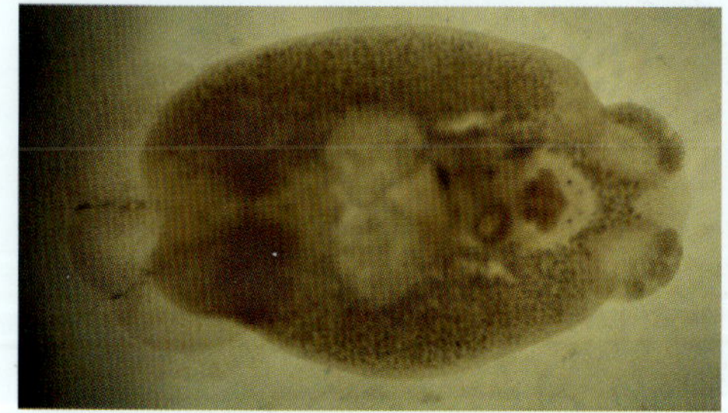

| 그림 1-68. 베네데니아충 |

| 그림 1-69. 베네데니아 감염에 의한 체표 출혈 및 백탁 |

(3) 알레라증

① 병원체 : 알레라충(*Alella macrotrachelus*) (그림 1-70)

② 증 상

- 아가미 유착과 황변 및 아가미 조직 붕괴
- 아가미 곤봉화(그림 1-71)로 점액분비 과다와 아가미 부식병 유발 (그림 1-72)

③ 감염어종 : 감성돔

④ 역 학

- 감성돔의 아가미에 기생하여 성장을 저해하고, 아가미 부식병의 원인이 되기도 함 (그림 1-73)
- 이 충은 감성돔에만 기생하여 피해를 입히는 종 특이성 기생충임
- 가을에서 이듬해 봄에 이르는 저수온기에 영양불량 등 환경조건이 좋지 않은 양식장에서 관찰됨
- 이 충으로 인해 단기간에 대량폐사는 일어나지 않지만, 겨울철 저수온기에 섭이 불량과 저항력 약화와 스트레스로 지속적인 폐사 유발

⑤ 진 단 : 육안진단 및 현미경검경

⑥ 대 책

- 주기적인 망갈이 및 밀식 방지
- 산소발생기 가동으로 원활한 조류소통

| 그림 1-70. 아가미에 기생한 알레라충 |

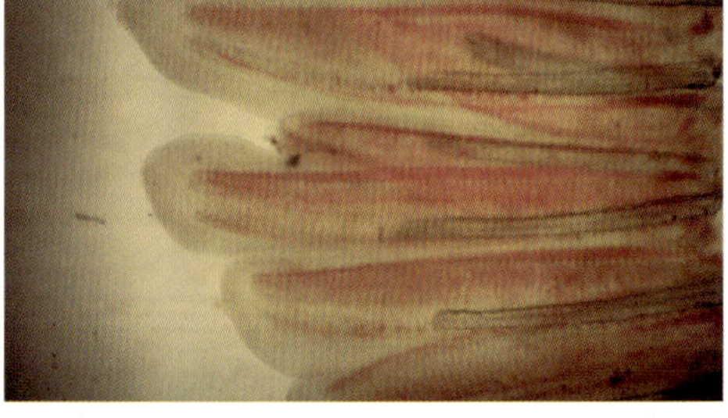

| 그림 1-71. 알레라충 감염에 의한 아가미곤봉화 |

| 그림 1-72. 알레라충 감염에 의한 아가미부식 |

| 그림 1-73. 아가미에 기생한 알레라충 |

(4) 백점병

① 병원체 : 해산 백점충(*Cryptocaryon irritans*)

- 구형이며, 말발굽 모양의 4개의 핵을 가짐 (그림 1-74)

② 증 상

- 체표 지느러미 탈락 및 발적, 체표의 상피세포 박리로 체표 궤양형성, 출혈반점, 점액분비로 번들거림을 나타냄 (그림 1-75)
- 그물에 비비거나 유영력이 저하되는 유영행동의 이상을 보임
- 아가미에 기생한 백점충은 호흡상피 조직 아래 매몰되어 있으며(그림 1-76), 2분열로 번식하며, 수중에서는 자유 유영시기를 가짐 (그림 1-77)

③ 감염어종 : 참돔, 돌돔, 감성돔

④ 역 학

- 담수어에서 기생하는 종과 해수에 기생하는 종이 서로 다르지만 전염성이 강하고 숙주 범위도 넓어 중요한 기생충으로 취급되고 있음
- 육상수조에서 종묘 생산기 돔류(참돔, 감성돔, 돌돔)의 치어와 수정란 생산을 위한 어미 관리용 수조에서 발생하는 경우가 많음
- 2008년 이후 해상가두리양식장의 참돔에서 백점충에 의한 피해가 보고되기 시작하여, 축제식양식장의 참돔, 돌돔에서도 피해를 가져오고 있음
- 수조에서 힘없이 유영하며, 수면에 점액이 많이 떠 있는 것을 관찰할 수 있는데, 이런 경우 대부분 이 충의 감염에 의한 것으로 볼 수 있음
- 이 충의 감염경로는 숙주인 어류에 기생하여 성숙(Trophont)되면, 해수 중으로 방출되어 시스트를 형성, 분열(Tomont)하며 이어서 감염자충(Theront)을 생성하여 다시 숙주인 어류에 기생함
- 감염 중기나 말기에는 충의 어체 내 침투에 의한 피해가 심하고 치료가 어려워 대량폐사로 이어짐

⑤ 진 단 : 광학현미경 검경

⑥ 대 책

- 이 충이 어류의 표피 하에 기생하는 시기보다는 숙주로부터 이탈된 시기인 분열과 감염자충 시기에 구제해야 함
- 전문가의 처방을 받아 승인된 수산용 포르말린을 사용하는 것도 효과적임
- 종묘생산 시기에 육상수조에서 축양해야 하는 경우, 정기적인 소독과 수조 청소를 철저히 해야 함
- 감염초기의 성어는 발견 즉시 조류소통이 빠른 해역의 가두리로 옮기면 치료되는 사례도 있음

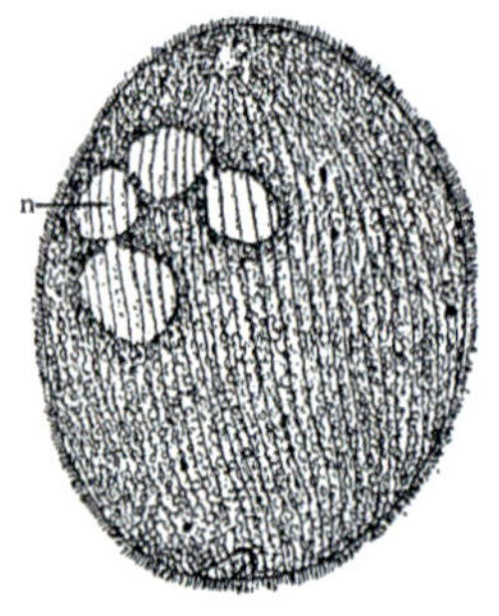

| 그림 1-74. 해산어 백점충 형태 |

| 그림 1-75. 백점충에 감염된 돌돔 |

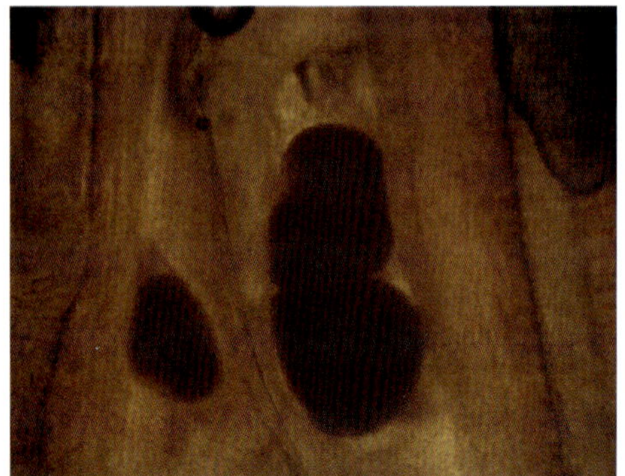

| 그림 1-76. 아가미에서 분열 중인 백점충 |

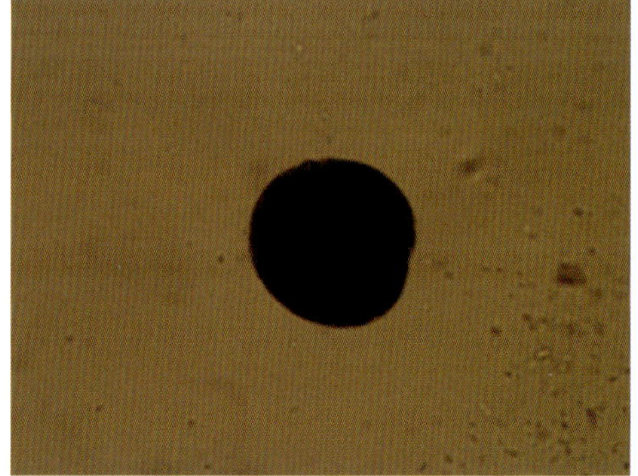

| 그림 1-77. 백점충 자유유영세포 |

4) 기타 질병

(1) 녹간증

녹간증은 어류의 간이 녹색으로 변하는 현상을 말하며 간의 담관 내에 담즙이 고임으로써 발생한다. 간에 부분적 또는 전체적으로 녹색이 착색되는 것이 특징이다. 착색된 부분은 간장의 피막이며 간의 실질세포에는 착색되지 않는 경우가 있는데 이때 담낭 내의 담즙은 연한 갈색을 띠게 된다. 녹간증이 발생한 참돔은 여위고 근육이 연해지면서 체색이 검게 된다. 해부해 보면 간이 녹색으로 변하고 위축되며(그림 1-78), 괴사된 부분도 관찰된다. 당년어보다는 2년어의 돔류에서 많이 볼 수 있다. 중증이 되면 전반적으로 먹이 섭취량이 감소하며 해부하면 복강 내 전체가 진한 녹색으로 나타나는 경우가 많다(그림 1-79).

녹간증은 겨울철에 발생하는 저수온성 녹간증, 장기간 먹이를 공급하지 않았을 때 나타나는 기아성 녹간증과 부적합한 먹이를 투여하여 발생하는 중독성 녹간증으로 나눌 수 있다.

저수온 녹간증은 저수온기에 2~3개월 먹이를 먹지 않아 담관 내 담즙이 농축되거나 간 내 담관에 축적됨으로써 생기기도 하며 부종을 수반하지만 각 장기의 심한 병변은 찾아 볼 수 없다.

중독성 녹간증은 변패된 사료 또는 곰팡이가 생긴 사료를 투여했을 때 나타나며 기생충 구제제 등에 의한 약물중독에 의해서도 나타날 수 있다.

기아성 녹간증은 먹이를 먹지 못했기 때문에 일어나는 것이 원인으로 가두리에서 일반적으로 나타나며 수온이 15℃ 이하 되는 기간이 지속될 때 생리적 장애로 발생되는 경우가 많다.

저수온기 녹간증을 나타내는 개체의 혈액에서 지오티(GOT) 및 지피티(GPT) 분석결과, 정상어에 비해 매우 높은 값을 보여, 정상적인 간기능에 나쁜 영향을 주는 것으로 나타났다.

녹간증에 의한 직접적인 대량폐사는 일어나지 않으나, 녹간 징후가 나타나면 체력저하에 의한 합병증이 발생해서 피해가 유발될 수 있으므로, 사전에 미리 예방하는 것이 중요하다. 선도가 좋은 사료에 간기능 강화제 및 비타민제를 첨가하여 투여하면 효과적이다.

우리나라에서 1년 중 돔류사육의 적정수온인 15℃ 이상으로 유지되는 시기는 5~10월로 대략 6~7개월 정도 유지되므로 수온환경 여건이 돔류의 양식에 매우 부적합하다고 볼 수 있다. 이러한 돔류에는 겨울철 저수온기에 사료를 정상적으로 먹지 못하여 어체에 영양결핍을 초래하고 있어 저수온 스트레스 등의 생태습성 부적합에 의하여 녹간 현상이 발생하고 있다.

돔류 녹간증을 예방하기 위해서는 가두리에 입식 후 충분한 사료공급과 관리로 여름철에 영양을 축적하고 성장을 촉진시키며, 월동기 이전에는 충분한 영양공급으로 겨울철 체력소모로 인한 녹간증으로 대량폐사가 발생하지 않도록 하는 것이 돔류 양식의 성공포인트로 생각된다.

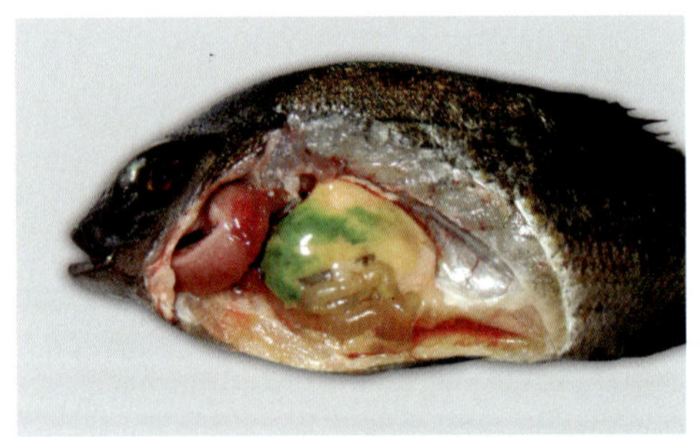

| 그림 1-78. 간의 녹변 및 내장 위축 |

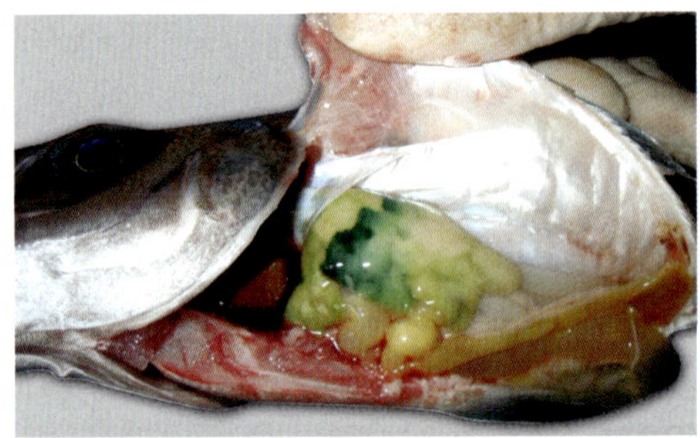

| 그림 1-79. 간의 녹색 색소 침착 |

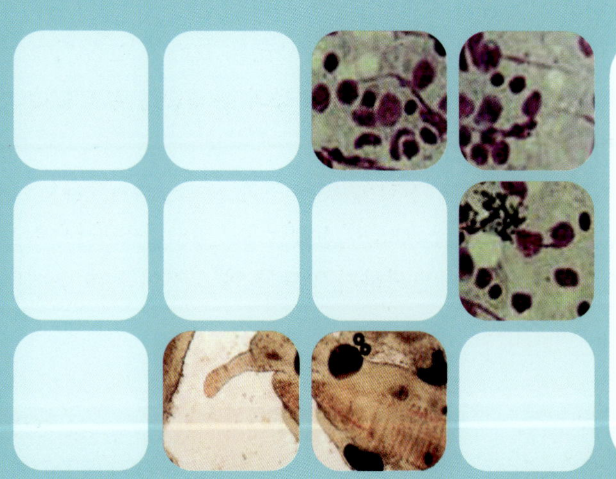

주요 담수어류의 질병과 대책

II

제 2 장 _ 주요 담수어류의 질병과 대책

1. 뱀장어

1) 세균성 질병

(1) 에드와드병

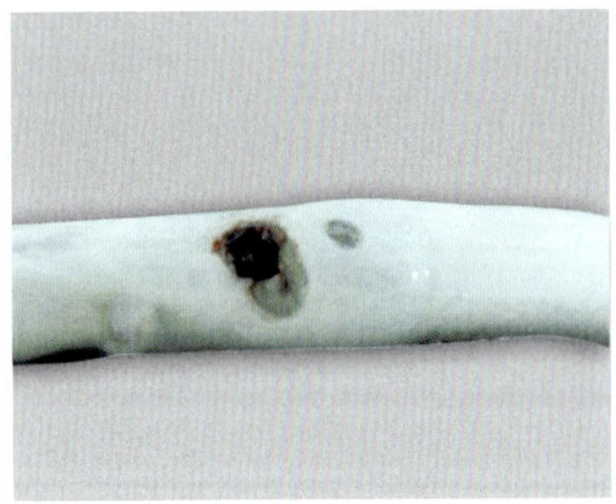

| 그림 2-1. 뱀장어의 에드와드병 |

① 병원체 : 에드와드균(*Edwardsiella tarda*)

② 증 상

- 외관적으로 항문 주위가 빨갛게 부풀어 오르고, 복부 발적을 나타냄
- 해부시 간과 신장에 구멍이 생겨 있음 (그림 2-1)
- 실뱀장어 경우, 물 표면을 힘없이 헤엄쳐 다니며, 몸 색깔이 희게 보이고 항문이 돌출되어 있음
- 지느러미가 붉어지므로 붉은지느러미병과 비슷해 보이지만, 출혈의 범위가 더 넓어 심한 증상을 나타낸다는 점에서 차이가 남

③ 감염어종 : 뱀장어

④ 역 학

- 이 균이 뱀장어의 아가미, 체표 및 소화관에 침입하고 각 장기에 감염되어 증식함
- 수중에 상재하는 장내세균으로 유기물에 오염된 곳에서 잘 증식하며 건강한 어류

의 장 내에서도 분리됨

- 어류 이외에 가축, 쥐, 새, 거북이, 사람의 분변에서도 분리되는 등 분포가 광범위한 세균이며, 양어지 내에서 장기간 생존이 가능함
- 야외사육지에서 뱀장어를 양식할 때는 여름을 중심으로 봄부터 가을까지 수온이 25℃ 이상되는 시기에 발생하는 질병이었음
- 최근에는 양식시설의 발달로 비닐하우스 보온시설에서 지수식 및 순환여과식으로 양식이 확산되어, 상시 28℃ 이상의 고수온으로 사육되기 때문에 연중 발생되는 대표적인 질병임
- 뱀장어의 초기 사료가 개발되지 못했던 시기에는 실뱀장어에 먹이 붙임 사료로서 실지렁이를 먹였는데, 이 실지렁이가 에드와드병의 발병에 관계가 있는 것으로 알려져 있으나 최근에는 뱀장어의 사육단계별 사료가 개발되어, 초기 사육시의 에드와드병을 우려하지 않아도 됨
- 최근에는 양식장 사육수의 수질 악화에 의해 에드와드병이 발병함

⑤ 진 단 : 세균배양법

⑥ 대 책

- 발병시 전문가에 즉시 의뢰하여 처방받은 항생제를 사용해야 함
- 최근에는 면역증강제 및 기능성 사료첨가제 등을 투여하여 질병에 대한 저항력을 향상시키는 예방대책도 개발되고 있음

(2) 두부 궤양증

① 병원체 : 에로모나스균(*Aeromonas salmonicida*)

② 증 상

- 두부가 부풀어 오르는 것이 특징으로 두부 궤양증이라고도 함
- 주둥이에 발적과 팽윤 또는 궤양 형성
- 해부시 간장의 출혈, 위액의 축적, 복막의 출혈

③ 감염어종 : 뱀장어

④ 역 학

- 발생하는 시기는 수온이 18℃ 부근으로 최종 사망률이 60% 정도임
- 겨울철 가온을 하지 않거나, 출하를 위해 냉수로 축양할 때에 발병 가능성이 있음

⑤ 진 단 : 세균배양법

⑥ 대 책

- 병이 발생하면 전문가에 즉시 의뢰하여 정확한 진단을 통해 처방 받은 항생제 사용
- 가온 양만장에서는 사육수온을 27℃ 이상으로 올리는 것이 예방 및 치료방법이 될 수 있음

(3) 붉은 지느러미병

① 병원체 : 에로모나스균(*Aeromonas hydrophila*)

② 증 상

- 감염어의 특징은 안구돌출, 아가미와 항문주변의 국소적 출혈, 복부팽만, 꼬리나 지느러미에 괴사 출혈을 일으킴
- 피부에 출혈이 있는 부위는 보통 수종을 일으켜 최종적으로 궤양화되어 수생균의 2차감염이 이루어짐

③ 감염어종 : 뱀장어

④ 역 학

- 이 균은 담수 중에 존재하는 균으로서 수온 10℃ 이상에서 수질이 나쁠 경우 패혈증을 일으킴
- 증상이 어느 정도 진행된 병어는 먹이를 먹지 않으며, 못의 벽 가까이에 정지하고 있는 경우가 많음
- 머리를 위로하고 꼬리를 밑으로 한 채 힘없이 헤엄치고 있는 개체들은 수일 안에 폐사함

• 가온하는 양만장(수온 27℃ 이상)에서는 잘 발생하지 않음

⑤ 진 단 : 세균배양법

⑥ 대 책

• 병이 발생하면 즉시 전문가에 의뢰하여 처방받은 항생제를 사용함

(4) 비브리오병

① 병원체 : 비브리오균(*Vibrio* sp.)

② 증 상

• 초기에는 피부에 붉은 반점이 생기며, 세균이 진피조직까지 침입하게 되면 수종을 동반한 괴사가 생기고 표피가 박리됨

③ 감염어종 : 뱀장어

④ 역 학

• 괴사된 혈관을 통해 균이 혈액 속으로 들어오게 되면 패혈증을 일으킴

• 균이 혈관 벽에 침입하기는 하지만, 혈관염을 일으키지 않는 것이 에로모나스병과 다름

⑤ 진 단 : 세균배양법

⑥ 대 책

• 병이 발생하면 즉시 전문가에 의뢰하여 처방받은 항생제 사용

(5) 적점병

① 병원체 : 슈도모나스균(*Pseudomonas anguilliseptica*)

② 증 상 : 체표에 점상 출혈

③ 감염어종 : 뱀장어

④ 역 학

• 염분이 조금 함유된 양만지에서 발생하며, 수온 10℃ 이상의 이른 봄에 발생하여 수온이 25~26℃가 되는 7월 상순에는 완전히 소멸함

- 환경수 중의 염분이 원인균의 생존율을 높이고, 수온상승에 따라 뱀장어의 생체 방어능력이 상승하여 자연치유가 되는 것으로 추정됨
- 최근에는 가온식양만장이 보급되어 이 질병이 잘 발생하지 않음

⑤ 진　단 : 세균배양법

⑥ 대　책

- 병이 발생하면 즉시 전문가에 의뢰하여 처방받은 항생제 사용

2) 기생충성 질병

(1) 아가미흡충병

① 병원체 : 슈도닥티로자이러스(*Pseudodactylogyrus* sp.)

② 증　상 : 아가미빈혈 및 점액분비

③ 감염어종 : 뱀장어

④ 역　학 :

- 우리나라에서 유럽산 뱀장어 치어를 수입한 후부터 유행함
- 특히 치어에서는 먹이를 잘 먹지 않아 성장에 큰 장애가 됨
- 이 충은 연중 기생하고 있으나 여름철 고수온기에 개체수가 많아짐
- 뱀장어에서 발견되는 종은 *Pseudodactylogyrus bini*, *Pseudodactylogyrus microchis*이며 혼합되어 기생되기도 함

⑤ 진　단 : 100배 정도의 광학현미경에서 관찰

⑥ 대　책

- 유효성분이 트리클로로폰인 승인받은 수산용 제품을 구입하여, 기재된 용법과 용량에 따라서 사용하면 구제가 가능하나 충란은 사멸되지 않으므로 난의 부화일수를 고려하여 반복 살포가 필요함

(2) 요철병

① 병원체 : 헤테로스포리스(*Heterosporis anguillarum*)

② 증 상

- 1~2년생 뱀장어의 근육 내에 기생하여 근육을 연속적으로 융해시켜 등쪽의 근육이 여위어지는 현상이 나타남
- 감염된 기생충의 포자형성이 끝나면 시스트가 붕괴되면서 포자가 숙주의 근육조직 내에 확산되고 시스트 내의 단백질분해효소에 의하여 근육조직이 융해됨

③ 감염어종 : 뱀장어

④ 역 학

- 이 충에 의한 폐사율은 높지 않으나 상품가치가 저하됨
- 근육이 붕괴되어 울퉁불퉁하게 보이는 개체는 근육이 융해되어 굴곡이 생기는 현상으로 요철병 또는 등여윔병으로 불리게 됨

⑤ 진 단 : 근육 내의 환부의 일부를 검경하여 포자를 확인

⑥ 대 책

- 포자는 경구적 또는 경피적으로 감염되므로 병어는 발견 즉시 제거해야 하며 출하 후에는 사육지 전면을 철저히 소독해야 함

3) 기타 질병

(1) 아질산중독증

환경수 중의 아질산에 의한 중독으로 몸은 전체적으로 붓게 되고 몸 색깔은 전반적으로 옅어진다. 아질산중독증은 아질산과 적혈구의 헤모글로빈이 결합하여 혈액의 색이 갈색으로 변하면서 산소를 운반하는 능력이 없어지는 것이다. 뱀장어의 성장을 저하시키는 아질산 농도는 pH가 5.0일 경우 5ppm 이상일 때이며, pH가 낮아질수록 쉽게 발생한다.

(2) 가스병

사육수 중에 질소나 산소가 과포화 상태일 때 발생한다. 물속에 녹아 있는 질소가 체내에 들어와서 형성된 기포는 좀처럼 혈액 내로 흡수되지 않기 때문에 순환에 큰 장애를 주게 되어 어류가 죽게 된다. 질소가스병의 원인은 대기 중 또는 지하수에 있는 용존 질소의 포화도가 높기 때문이다. 반면에 산소가스의 경우는 체내에서 산소가 생기더라도 흡수되어 큰 피해는 없으나, 뱀장어는 산소포화도가 350%를 넘으면 가스병의 증상을 나타낸다.

2. 무지개송어

1) 바이러스성 질병

(1) 전염성 조혈기 괴사증

① 병원체 : Infectious Hematopoietic Necrosis Virus (IHNV)

② 증 상

- 병어는 활동이 완만하고, 때에 따라서 경련을 일으키면서 갑자기 폐사함
- 몸 표면에 줄 모양으로 출혈반이 보이며, 1g 미만에서는 선상 혹은 V자상으로 출혈이 나타나고, 2g 이상이 되면 선상출혈은 적고, 점상출혈이 많아짐

③ 감염어종 : 연어과 어류

④ 역 학

- 어릴수록 질병에 걸릴 확률은 더 높으며, 감염 과정 중에 바이러스가 변, 오줌, 난소액, 정액 및 외부점액을 통해 배출되는 반면, 신장, 비장, 뇌 및 소화관 등에서는 많은 양이 축적됨
- 감염은 수평 전파 또는 난을 통한 수직 전파가 이루어지거나, 수중에 존재하는 생물이 매개체로 작용하여 이루어지며, 야생동물 및 조류도 이 바이러스 전파자로서 역할을 함
- 취급 등 스트레스 요인이 감염어로 하여금 질병을 유발함
- IHNV 발병의 중요한 요인인 수온의 경우, 자연 조건(8~15℃)에서 발생됨
- 연령, 어종, 수온, 증상, 양어장 질병 내력, 사육량 등을 조사하고 정확한 진단을 위해 조혈조직 및 체액 등을 채취해 둠

⑤ 진 단 : 표준화된 세포배양법 및 PCR법

⑥ 대 책

- 난을 통한 전파는 표면소독에 의해 현저히 감소될 수 있음
- 근원적으로 바이러스 감염을 막기 위해서는 바이러스가 전혀 없는 수중에서 부화된 소독난을 사용할 필요가 있음
- 뚜렷한 치료대책이 없으므로 무엇보다 예방이 중요함
- 발안란의 소독에는 승인받은 포비돈 요오드의 수산용 제품을 제시된 용법과 용량에 따라 사용함
- 오염의 우려가 있는 수송 기구와 수송차의 소독에도 주의해야 함
- 부화시 IHNV가 없는 용천수를 이용하는 것이 좋고, 수원으로부터 병원체 보균어가 될 수 있는 연어과 어류나 잡어를 제거해야 함
- 또한 치어지는 양어장 최상류에 설치해야 하며, 성어와 혼합양식을 피해야 함

(2) 전염성 췌장 괴사증

① 병원체 : Infections Pancreatic Necrosis Virus (IPNV)

② 증 상

- 외견상 체색이 검게 변하고 안구 돌출 및 복부팽만
- 병어는 유영이 완만하고 회전운동을 하다가 저면에 떨어져 폐사됨
- 병증이 나타나면서 죽을 때까지의 시간은 불과 1~2시간 이내임

③ 감염어종 : 연어과 어류

④ 역 학

- IPNV는 집약적 사육조건에서 양식되는 어린 연어과 어류에서 잘 발생하는 전염성이 높은 질병으로, 물과 난을 통해서 수평 및 수직적으로 감염됨
- 치어에 감염되면 2주만에 높은 폐사율을 나타냄(1일 2~3% 폐사율, 종식시까지 누적폐사율은 50~90%)
- 연령, 어종, 수온, 증상, 양어장 질병 내력, 사육량 등을 조사하고 정확한 진단을 위해 조혈조직 및 체액 등을 채취해 둠

⑤ 진 단 : 표준화된 세포배양법 및 PCR법

⑥ 대 책

- 어란 등의 종묘를 다른 양어장으로부터 구입할 필요가 있는 경우에는 IPN 발생사례가 없는 지역에서 구입해야 함
- 치어지는 양어장 최상류에 시설해야 하며, 성어와 혼합양식을 피해야 함
- 사용기구, 기자재는 정기적으로 소독을 실시하고, 각 양어지전용의 것을 사용해야 함
- 일단 IPN이 발생하면, 병어 및 폐사어를 전부 처분하고 발생된 수조와 시설을 소독함

(3) 바이러스성 출혈성 패혈증

① 병원체 : Viral Haemorrhagic Septicaemia Virus (VHSV)

② 증 상 : VHS의 증상은 3가지로 나누어짐

- 급성형은 체색흑화, 아가미와 지느러미 기저부 발적, 복강출혈, 간, 신장, 비장 종대, 복수 증상
- 만성형은 체색흑화, 안구돌출, 복부팽만, 아가미 탈색 및 빈혈, 내부장기 퇴색, 간, 신장, 비장 부종 증상
- 신경형은 신경질적인 회전유영을 하며 체색흑화, 안구돌출, 신장비대와 갈색화를 나타냄

③ 감염어종 : 연어과 어류

④ 역 학

- 유럽에서 연중 발생하며 주로 봄(4~14℃)에 발병함
- 치어에 감수성이 높으며, 수직감염, 수평감염이 모두 일어남
- 급성형은 폐사율이 높고 만성형은 지속적으로 폐사가 발생됨
- 연령, 어종, 수온, 증상, 양어장 질병 내력, 사육량 등을 조사하고 정확한 진단을 위해 조혈조직 및 체액 등을 채취해 둠

⑤ 진 단 : 표준화된 세포배양법 및 PCR법

⑥ 대 책

- 일단 VHS가 발생하면, 병어 및 폐사어는 전부 처분하고 수조와 시설도 소독함

2) 세균성 질병

(1) 부스럼병

① 병원체 : 에로모나스균(*Aeromonas salmonicida*)

② 증 상

- 체표에 1개 또는 수개의 팽융된 환부가 형성되며, 궤양은 외부손상에 의한 것이 아니고, 모세혈관 내에서 병원균이 증식해서 혈관 벽과 근육을 붕괴시켜 혈액과

농이 나오고 조직이 괴사됨

③ 감염어종 : 무지개송어

④ 역 학

• 당년생이나 성어에서도 볼 수 있으나 일반적으로 고연령어에 많음

⑤ 진 단

• 초기진단은 어려우며 중증인 경우 체표의 팽융환부를 보고 개괄적 진단이 가능

• 환부 및 신장으로부터 병원균의 분리 동정이 필요함

⑥ 대책

• 병어의 조기 발견에 의한 치료가 무엇보다도 중요하며 전문가에게 의뢰하여 처방받은 항생제의 경구 투여

(2) 비브리오병

① 병원체 : 비브리오균(*Vibrio anguillarum*)

② 증 상

• 초기 증상은 섭이활동이 완만하고 체표나 지느러미 기부가 흑변됨

• 발병 중기에는 섭이가 활발치 못하고 무리를 이탈하여 사육지 가장자리나 배수구에 모이고, 안구 돌출, 근육 종양 형성, 항문, 체표, 구강, 출혈 증상을 나타냄

• 말기 증상은 표피 붕괴, 근육 괴사부 노출, 부종, 극도의 빈혈 수반

③ 감염어종 : 무지개송어

④ 역 학

• 부화 후 수개월부터 1년생 치어에서 증상의 진전이 빠르고 폐사율도 높음

⑤ 진 단 : 세균배양법

⑥ 대 책

• 어체 취급시 물리적 및 생리적 스트레스를 적게 하고 적정 사육밀도 유지

• 치료 약품은 전문가의 진단과 처방을 받은 항생제 사용

(3) 아가미부식병

① 병원체 : 플라보박테륨(*Flavobacterium*) 속 세균

② 증 상

- 아가미의 심한 부식, 아가미뚜껑이 열려 있으며, 오물이 부착되어 아가미가 분홍색이나 흰색으로 변하여 빈혈을 나타냄
- 심해지면 내장의 색깔도 퇴색되고 간은 황색으로 변하며 체색은 회백색으로 변함

③ 감염어종 : 대부분의 담수어

④ 역 학

- 아가미부식병은 수온의 급변, 탁수의 유입, 용존산소의 저하 등으로 감염되어 발병됨

⑤ 진 단

- 외견상 아가미 결손과 조직의 붕괴 확인 후 환부점액을 도말하여 600배로 검경하면 표면에 망목상의 장간균을 확인

⑥ 대 책

- 전문가의 처방을 받은 항생제를 경구투여 및 약욕
- 외상이나 기생충, 수질 등에 의한 발병 원인을 없애고, 0.5% 소금물에 30분 이상 약욕시킨 경우도 어느 정도 효과를 기둘 수 있음

(4) 세균성 신장병

① 병원체 : 코리네박테륨(*Corynebacterium* sp.)

② 증 상

- 초기에는 증상이 명확하지 않아 조기진단이 어려움
- 병이 진행될수록 복부가 부풀어 오르고, 체색흑변, 안구주위 출혈, 신장에 흰 결절이 생김

③ 감염어종 : 무지개송어

④ 역 학

- 이 균의 적정수온은 10℃ 정도로 초봄이나 초가을의 수온 하강기에 주로 발생하며, 잠복기간은 1~22개월

⑤ 진 단

- 신장에 나타나는 특징적인 병변으로 개괄적인 진단은 가능
- 신장부위의 표본제작에 의한 조직검사, 세균분리 및 동정

⑥ 대 책

- 병어는 발견 즉시 격리시키고, 전문가의 처방을 받은 항생제의 경구투여가 효과적임

3) 기생충성 질병

(1) 아가미흡충병

① 병원체 : 닥티로자이러스(*Dactylogyrus* sp.)

② 증 상 : 아가미 유착 및 출혈, 아가미뚜껑이 열려 있기도 함

③ 감염어종 : 대부분의 담수어

④ 역 학

- 어류의 아가미나 체표에 부착하여 기생하며, 표면의 상피세포를 먹고 자라기 때문에 자극에 의한 어류의 조직 증식과 점액과다분비, 식해에 의한 상처를 받음

⑤ 진 단 : 아가미를 100~200배의 광학현미경으로 관찰

⑥ 대 책

- 3% 식염에 1시간 약욕하면 효과적임
- 전문가의 처방을 받아 승인된 수산용 포르말린을 사용하는 것이 효과적임

(2) 백점병

① 병원체 : 담수 백점충(*Ichthyophthirius multifiliis*)

② 증 상

- 체표, 두부, 지느러미 및 아가미에 지름 1㎜ 이하의 희고 작은 흰점이 생김
- 기생부위에 표피 탈락, 지느러미 손상, 아가미 점액과다분비, 아가미 상피붕괴 및 유착현상이 나타나며, 대량 기생하면 호흡장애도 일으킴

③ 감염어종 : 대부분의 담수어

④ 역 학

- 백점충은 광범위 수온에서 발육이 가능하지만 비교적 저수온기에 유행함
- 유행은 숙주의 면역획득 여부, 스트레스 등에 영향을 받음

⑤ 진 단

- 육안으로 체표의 흰색반점을 확인하고, 체표 및 아가미의 점액을 현미경으로 관찰

⑥ 대 책 : 전문가의 처방을 받아서 치료

4) 기타 질병

(1) 물곰팡이병

수생균병은 곰팡이의 일종인 사프로레그니아(*Saporolegnia* spp.)가 몸 표면에 기생해서 발생한다. 무지개송어 알은 수정 후 부화조에서 사란이 발생되어 있을 경우 가는 실 모양의 수생균이 반드시 기생하게 된다. 이를 그냥 방치해 두면 균사가 증식하여 죽은 알 주위의 살아 있는 알까지도 균사가 둘러싸서 질식하게 된다. 무지개송어에 기생하는 경우, 초기에는 지느러미 끝이나 체표에 작은 흰점이 발견되며, 그 흰점이 확산 되면서 가는 실 모양의 덩어리가 된다.

3. 잉어류(잉어, 이스라엘 잉어, 비단잉어, 붕어)

1) 바이러스성 질병

(1) 잉어 허피스 바이러스병

① 병원체 : Koi herpesvirus (KHV)

② 증 상

- 일반적 증상으로는 무기력해지고, 무리에서 분리되고 주수구에 모여들거나, 못 가장자리나 수면에서 입질을 함
- 어체는 평형과 방향감각을 잃지만 과민증상을 보이기도 함
- 개체별로 면밀히 관찰하면, 체색이 희게 되거나 붉어지며 체표가 거칠어지고, 국소적이거나 전반적인 상피 소실, 피부나 아가미의 점액이 과잉 또는 부족한 증상을 나타냄
- 어떤 어체에서는 안구함몰과 체표와 지느러미 기저의 출혈과 지느러미 부식을 나타냄

③ 감염어종 : 잉어과 어종

④ 역 학

- 일반적으로 KHV 감염은 잉어(*Cyprinus carpio carpio*), 비단잉어(*Cyprinus carpio koi*)와 ghost carp (*Cyprinus carpio goi*), 그리고 이들의 교잡종에서 발생한다고 알려져 있음
- 감염은 모든 성장단계의 어체가 KHV에 감수성이 있다고 알려져 있지만, 실험감염에서는 2.5~6.0g의 어체가 230g의 어체보다 더 감수성이 높게 나타남
- 수온 16~25℃에서 많이 발생하며, 26℃ 이상과 13℃ 이하에서는 폐사가 나타나지 않지만 바이러스가 검출되는 경우가 있는데, 이는 감염된 어체가 살아남았더라도 바이러스 보유어가 될 가능성을 말함

- 또한 KHV의 전염 형태로는 수평감염이 일반적이지만 난으로 전파되는 수직감염도 배제할 수는 없음
- 이 질병이 발병하면 군집 내의 폐사가 증가하고 치어와 성어 모두에 감수성을 나타내지만, 일반적으로 1년생의 치어가 감수성이 높음

⑤ 진 단

- 먼저 연령, 어종, 수온, 증상, 양어장 질병 내력, 사육량 등을 조사 후, 조혈조직 및 체액 등을 채취하여 표준화된 세포배양법에 따라 원인 바이러스 분리
- RT-PCR법에 의한 확정 진단

⑥ 대 책

- 이 바이러스는 자외선 조사 또는 50℃ 이상에서 1분간 열처리로 불활성화함
- 수온조절시설을 갖춘 양식장에서는, 수온을 26~28℃로 높이는 것이 이 병에 의한 폐사를 감소시킬 수 있음
- 사육밀도를 낮추고 전문가의 처방받은 항생제를 투여하여 2차 감염에 대한 위험성을 줄이는 것이 질병의 확산 방지에 도움이 됨

(2) 잉어봄바이러스병

① 병원체 : Spring viremia of carp virus (SVCV)

② 증 상

- 발병 초기에는 자극에 대한 반응이 둔해지고, 유영도 완만해짐
- 외관상으로 체색흑화, 복부팽만, 안구돌출, 피부의 출혈, 빈혈, 항문확장, 염증 등의 증상을 나타냄

③ 감염어종 : 잉어과 어류

④ 역 학

- 이 병은 잉어뿐만 아니라 붕어, 금붕어, 초어, 흑련어, 백련어 등의 잉어과 어류에 발생하였음

- 지역적으로는 유럽에 한정되었으나 최근에 북미의 비단잉어에서 발생이 보고되었음
- 국외 문헌에 의하면 4~6월에 유행하지만, 그 해 11월부터 다음 해 7월까지(수온 7~14℃) 발생함
- 수온 22℃ 이상에서는 발생하지 않음

⑤ 진 단

- 먼저 연령, 어종, 수온, 증상, 양어장 질병 내력, 사육량 등을 조사한 후, 조혈조직 및 체액 등을 채취하여 표준화된 세포배양법에 따라 원인 바이러스를 분리함
- RT-PCR법에 의한 확정 진단

⑥ 대 책

- 수산동물질병관리법에 감염 및 질병 발생 확인 시 살처분 대상 질병으로 명시되어 있음

2) 세균성 질병

(1) 아가미부식병

① 병원체 : 플라보박테륨(*Flavobacterium* sp.)

② 증 상

- 잉어, 금붕어, 붕어에서는 아가미의 괴사와 새변의 곤봉화가 특징임
- 아가미의 가장 안쪽의 초기변화가 일어나므로 해부하여 확인

③ 감염어종 : 대부분의 담수어

④ 역 학

- 주로 고수온기에 발생하며 심한 경우에는 출혈로 인한 전신적인 빈혈상태에 빠지며 식욕의 저하 등으로 치료하기가 어려움
- 이 병은 수질 오염에 의한 경우가 많으므로 고수온기에는 유수량 및 사료 과다급이 금지 및 사육어류의 밀도 조절 등이 필요함

• 일차적 원인이 될 수 있는 기생충의 감염의 예방 및 치료가 필요함

⑤ 진 단

• 외견상 아가미 결손과 조직의 붕괴 확인 후 환부점액을 도말하여 600배로 점경하게 되면 표면에 망목상의 장간균을 확인할 수 있음

⑥ 대 책 : 전문기관에 의뢰하여 처방받은 항생제의 경구 투여 및 약욕

(2) 백운병(슈도모나스병)

| 그림 2-2. 잉어의 슈도모나스 감염증 |

① 병원체 : 슈도모나스균(*Pseudomonas* sp.)

② 증 상

• 에로모나스 감염증과 유사하게 비늘이 서 있는 것도 있으며 체표의 일부는 황갈색을 띠기도 함

• 비늘이 탈락되고 체표, 지느러미의 출혈도 보임

③ 감염어종 : 잉어

④ 역 학

• 월동 후 사육수온이 낮은 하천수를 이용하는 노지에서 사육 중인 어류에 흔히 일어나는 질병임

• 감염된 어류는 체표 전체에 점액이 과잉 분비되어 두부, 등쪽, 꼬리 지느러미에 두꺼운 막을 형성함 (그림 2-2)

• 수중의 어류를 관찰하여보면 전체가 희게 보이므로 백운병이라 불리게 됨

⑤ 진 단

• 감염된 어류의 비늘 주머니액, 혈액, 복수, 신장에서 세균분리

⑥ 대 책

• 이 병은 수온 하강에 따라 항병력이 약한 어류에서 일어나므로 월동 전의 어류의 사육관리가 중요하며, 사육지의 수심을 깊게 하여 수온의 급격한 변동을 주지 않도록 하여 피해를 줄여야 함

(3) 운동성 에로모나스병(솔방울병)

| 그림 2-3. 잉어의 운동성 에로모나스 감염증 |

① 병원체 : 에로모나스균(*Aeromonas hydrophila*)

② 증 상

- 체표의 점상 출혈 및 궤양 (그림 2-3)
- 해부시 복수 저류, 간, 신장, 비장 등의 장기에 이상
- 특히 월동 후 22℃ 이상의 수온 상승기에 치어나 자어에 발병하여 80% 이상의 높은 폐사율을 나타내기도 함
- 또한 수온 하강기에도 발병하여 피해를 입히기도 함

③ 감염어종 : 잉어류

④ 역 학

- 이 균은 조건성의 기회감염을 일으키는 것으로 알려져 있음
- 수질의 악화, 어류의 과밀 사육, 산란 후 어류의 면역력 약화, 채포 및 수송 중의 스트레스 등에 의해 질병이 쉽게 발생함
- 이 감염증은 물고기의 생리적 상태에 따라 급성형, 만성형, 잠재형이 있으며 3가지형 모두가 폐사를 유발할 수 있다고 알려져 있음

⑤ 진 단

- 외부소견이나 해부소견으로 진단이 가능하나, 정확한 진단을 위해서 세균분리 및 동정함

⑥ 대 책

- 발병 초기에 전문가에 의뢰하여 치료하면 피해를 줄일 수 있음
- 어류에 스트레스가 되는 요인을 줄여주는 것이 예방의 방법임

3) 기생충성 질병

(1) 장포자충증

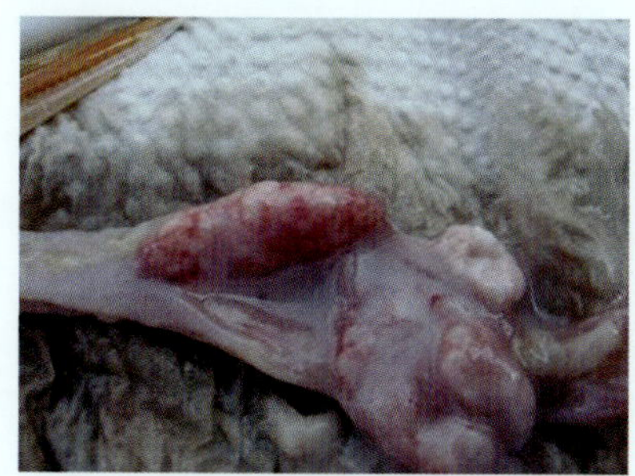

| 그림 2-4. 잉어의 장포자충 |

① 병원체 : 텔로하넬루스(*Thellohanellus kitaue*)

② 증 상

- 체색과 아가미색이 엷어지며 행동이 둔하고 항문의 발적 및 출혈이 생기며, 복부가 심하게 팽만되어 있음
- 해부하여 보면 항문에서 점액상의 액체가 유출되며, 장염과 함께 장관의 점막에 크고 작은 종유가 형성되어 있음 (그림 2-4)
- 소화관 내에 반투명의 액체가 충만되어 있음. 종유가 커져서 돌출이 심하게 되면 장에 의해 주변의 간, 췌장, 혈관을 심하게 압박하여 충혈과 빈혈을 유발하며 먹이를 먹지 않게 되고 어체약화로 폐사됨

③ 감염어종 : 잉어류

④ 역 학

- 대형의 성어에 있어서도 대량폐사를 일으키는 피해가 큰 질병임
- 여름철 고수온기에 대량으로 폐사하며, 4~5월의 저수온기에는 잠재되어 있다가 7~8월의 고수온기에 발현 빈도가 높고 사망률이 높음

⑤ 진 단

- 장 내에 형성된 종유를 떼어내어 검경하면 포자를 검출할 수 있음

⑥ 대 책

- 현재 적절한 치료약은 없으나 사육지의 철저한 소독 및 병원체의 유입 및 확산을 방지하는 것이 유일한 방법임

(2) 아가미포자충증

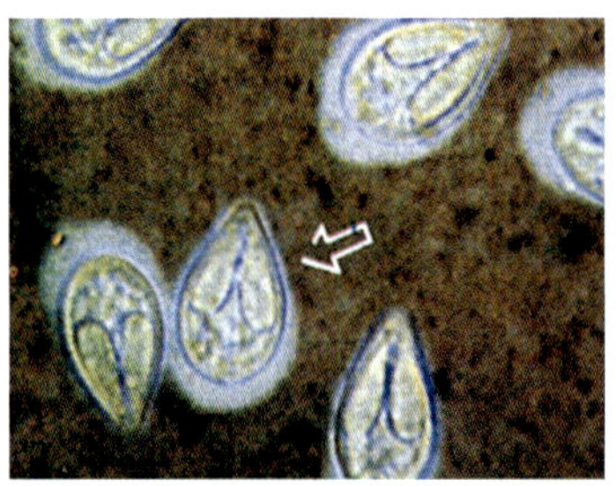
| 그림 2-5. 잉어의 아가미 포자충 |

① 병원체 : 믹소볼루스(*Myxobolus* sp.) (그림 2-5)

② 증 상

- 이 충은 조직 내에 크고 작은 시스트를 형성하고 이 시스트에 의해 아가미뚜껑이 열리게 되어 호흡장애를 일으킴

③ 감염어종 : 잉어류

④ 역 학

- 2년생 이상의 대형어에서는 감염되어도 시스트의 크기가 1㎜ 이하로 폐사하는 경우가 거의 없음

⑤ 진 단

- 전문기관에 의뢰하면 시스트를 도말표본 제작하여 김자 염색 후 포자의 형태를 관찰 가능

⑥ 대 책

- 장 포자충과 마찬가지로 적절한 치료약이 없으며, 사육지의 철저한 소독 및 병원체의 유입 및 확산을 방지하는 것이 유일한 방법임

(3) 물이증

| 그림 2-6. 잉어의 물이 |

① 병원체 : 아르굴루스(*Argulus*) (그림 2-6)

② 증 상 : 어류가 발광유영을 하거나, 양어지벽에 몸을 비비게 됨

③ 감염어종 : 대부분의 담수어

④ 역 학

- 숙주의 적혈구를 용해시켜 흡수하는 흡혈동물임
- 특히 어류의 지느러미 부위에 많이 부착하며 대형어류의 경우 구강벽에도 기생함

- 자신의 침으로 피부를 찔러 독선에서 독액을 주입하기 때문에 염증이 생기고 2차적인 세균 감염에 의해 궤양으로 진행됨

⑤ 진 단 : 체표에 붙어서 움직이는 충체를 육안적 확인 가능함

⑥ 대 책

- 대형어나 관상어의 경우, 잡아내어 핀셋 등으로 일일이 구제해 주는 것이 좋음
- 전문가에게 처방받은 약제를 사용함

(4) 킬로도넬라증

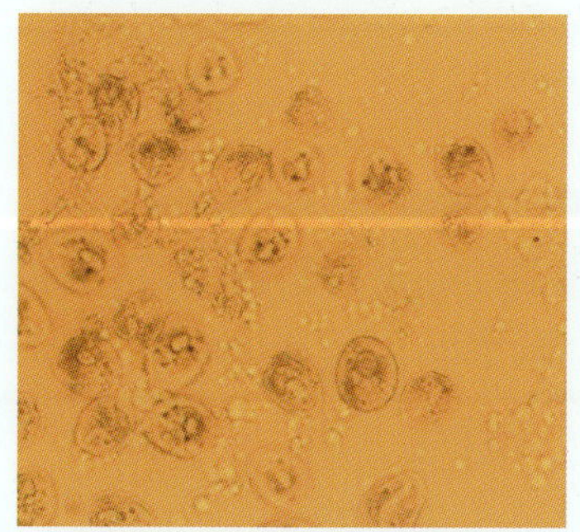

| 그림 2-7. 잉어의 킬로도넬라충 |

① 병원체 : 킬로도넬라(*Chilodonella piscicola*) (그림 2-7)

② 증 상

- 피부에 기생되었을 시에는 점액이 과다분비되어 체표가 푸른빛을 띤 회색의 막으로 덮여 있거나 부분적으로 상피가 백탁되어 박리됨

③ 감염어종 : 대부분의 담수어

④ 역 학

- 이 충의 기생부위는 체표, 지느러미 및 아가미이며, 숙주인 어류의 상피세포를 먹이로 하기 때문에 급작스런 발작 등 어류의 반응이 강하게 나타남

⑤ 진 단

- 현미경으로 관찰하면, 뒤쪽 끝이 함몰되어 있는 난형으로 섬모가 있으며 피부나 아가미의 상피세포 위를 빠른 속도로 움직이는 작은 충체를 볼 수 있음

⑥ 대 책

- 상피세포의 괴사에 의한 호흡장애가 주된 폐사 원인이며, 세균의 2차 감염이 쉽게 일어남
- 발병 초기에 전문가의 진료 및 처방에 따라 치료가 가능함

4. 메기, 미꾸라지

1) 세균성 질병

(1) 운동성 에로모나스병

| 그림 2-8. 메기의 운동성 에로모나스 감염증 |

| 그림 2-9. 에로모나스에 감염된 미꾸라지 |

① 병원체 : 에로모나스균(*Aeromonas hydrophila*)

② 증 상

- 초기의 주요 발병증상은 체표 및 지느러미 부위에 출혈이 있거나 심한 경우, 체표에 크고 작은 궤양이 생기기도 함 (그림 2-8, 2-9)

③ 감염어종 : 메기, 미꾸라지

④ 역 학

- 메기는 비늘이 없기 때문에 체표에 분비되는 점액이 외부로부터 병원체가 감염된 것을 방어하는 기능을 가지고 있음
- 점액 분비에 이상이 생기면 각종 세균에 의해 감염이 이루어짐
- 수온이 20℃ 이상이 되면 노지에서 자주 발생함
- 수질 악화 등 여러 가지 원인에 의해 복합적으로 나타날 수 있음
- 이 세균은 어류가 서식하는 물속에 항상 존재하는 균으로서 사육 중이던 메기가 물리적 또는 생리적인 요인에 의한 점액 분비의 이상이 생겼을 때에 세균의 감염이 쉽게 일어나 어류의 세포 내에서 증식됨

⑤ 진 단 : 병어의 환부로부터 세균분리 및 동정

⑥ 대 책 : 전문가에게 처방받은 항생제의 경구 투여나 약욕으로 치료

(2) 에드와드병

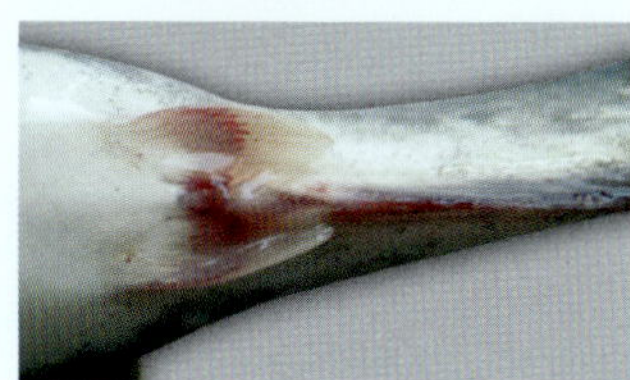

| 그림 2-10. 메기의 에드와드 감염증 |

① 병원체 : 에드와드균(*Edwardsiella ictaluri*)

② 증 상

- 병어는 양어지의 가장자리에서 힘없이 유영하거나 두부를 위로한 채 발광함
- 외부증상으로는 체표의 점상출혈과 두부, 체표 및 가슴지느러미의 직후방에 직경 1~5㎜의 궤양병소가 형성되고 복부팽만, 위턱과 아래턱 주변의 출혈, 가슴지느러미 기부 출혈, 항문 주변 발적과 융기 등을 보임 (그림 2-10)

③ 감염어종 : 메기

④ 역 학

- 병어가 회전발광유영하는 것은 뇌의 출혈로 인한 평형기능의 상실에 기인하는 것으로 추정됨
- 이 균은 1979년 미국산 찬넬메기에 패혈증을 일으키는 균으로 처음 보고됨
- 숙주의 특이성이 강하여 찬넬메기류의 어류 이외에는 감수성이 없는 균으로 알려졌으나 최근에서 European catfish, 왕연어, 무지개송어에도 감수성이 있는 것으로 밝혀짐
- 국내에서는 1994년에 양식메기에서 최초로 분리된 것으로 보고함

⑤ 진 단 : 병어의 환부로부터 세균의 분리 및 동정

⑥ 대 책 : 전문가에게 처방받은 항생제의 경구 투여 및 약욕

(3) 아가미 및 꼬리부식병

① 병원체 : 플라보박테륨(*Flavobacterium* sp.)

② 증 상

- 일차적으로 기생충의 심한 감염에 의한 상처, 물리적 상처 등에 의해 어류의 조직 중 감염되기 쉬운 부위인 체표, 지느러미, 아가미에 이 세균이 침입하여 증식됨으로써 아가미 및 지느러미가 부식되며 주위에는 황색의 점질물이 붙어 있는 경우가 있음

③ 감염어종 : 메기, 미꾸라지

④ 역 학

- 이 세균은 메기의 사육 조건에 따라 발생되는 조건성 질병으로서 쉽게 발생하지는 않는 질병임
- 메기양식의 초보자가 사육 할 경우, 이 질병이 발생하여 심하게 감염이 진행되었을 때에는 쉽게 치유되기 어려운 상태에 이르기도 함
- 대부분의 경우, 수온이 높은 시기에 사료의 과다한 투여 및 부적절한 수질관리에 의해서 발생되며 발병 초기에는 수질관리를 잘 해줌으로 자연 치유되는 경우도 있음

⑤ 진 단

- 아가미 결손과 환부점액을 도말하여 600배로 점경하게 되면 표면에 망목상의 장간균을 확인할 수 있음

⑥ 대 책 : 전문가에게 처방받은 항생제의 경구 투여 및 약욕 실시

2) 기생충성 질병

(1) 백점병

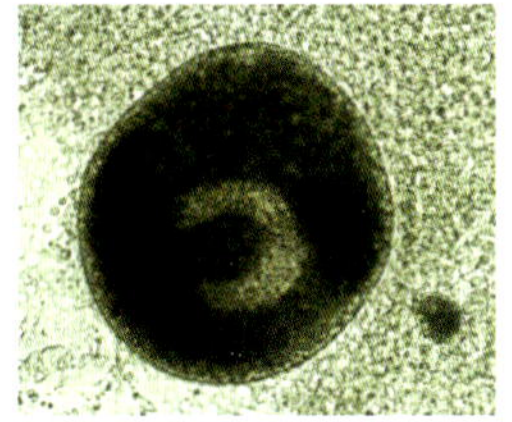

| 그림 2-11. 메기의 백점충 |

① 병원체 : 담수 백점충(*Ichthyophthirius multifiliis*) (그림 2-11)

② 증 상

- 중증인 경우, 불안한 행동을 하며, 종종 수면위로 뛰어오름

- 그 후 4~7일째, 상피와 점액층이 두꺼워지기 시작하며,

8~12일째에는 진피의 혈관이 충혈되고 하얀 반점이 몸 전체에 보이게 됨

- 12~14일째가 되면 어류는 행동이 둔화되며, 지느러미가 갈라지고 체표의 점액이 두껍게 겹쳐져서 얼룩져 보이게 됨
- 체표는 부식되고 아가미색깔은 엷어지며 비늘이 탈락되고 20~26일째에는 결국 폐사됨

③ 감염어종 : 메기, 미꾸라지

④ 역　학 : 폐사의 주원인은 호흡곤란 및 삼투압 조절 기능의 상실

⑤ 진　단 : 광학현미경 검경

- 백점충 영양체는 말발굽 모양의 특이한 대핵을 가지며 크기가 커서 40배의 시야에서도 쉽게 확인할 수 있음

⑥ 대　책 : 전문가에게 의뢰하여 처방받은 결과에 따라 치료

(2) 트리코디나증

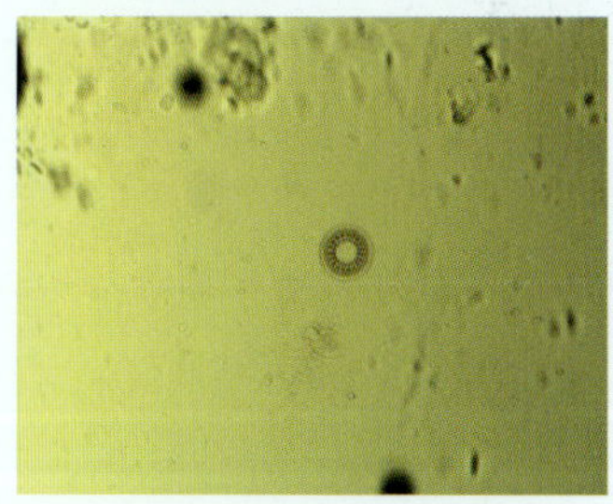

| 그림 2-12. 트리코디나충 |

① 병원체 : 트리코디나충(*Trichodina* sp.)

② 증　상

- 아가미나 체표에 점액이 과다 분비되고, 체표가 부풀어 오르거나 탈락되며, 이 부위에 2차적으로 세균 감염되기 쉬움

③ 감염어종 : 메기, 미꾸라지

④ 역　학

- 부적절한 사료 공급, 과밀 수용 등이 이 병을 유발할 수 있는 요인이 되며 전염성이 있음
- 기생률이 낮으면 어류에 별다른 이상이 없으나, 많은 수가 기생하면 폐사 요인이 됨

⑤ 진　단 : 광학현미경 검경 (그림 2-12)

⑥ 대　책 : 전문가에게 의뢰하여 처방받은 결과에 따라 치료

3) 기타 질병

(1) 가스병

부화 후 주로 인공사료로 순치된 후에 발생하며 안구와 지느러미 가장자리, 소화관 등에 기포가 생겨 몸이 가벼워지므로 수면으로 떠올라 먹이를 먹을 수 없게 된다. 혈관이나 심장에 기포가 생기면 단시간에 광란하다 질식하여 죽는 질병이다.

사육지에 지하수를 공급한 뒤 수온이 상승했을 때, 사육지의 용존산소량이 과포화되었을 때, 식물성 부유생물이 많이 발생하였을 때, 수온이 30℃ 이상 될 때 많이 발생한다. 사육 용수를 폭기하여 과포화된 가스를 날려 없애는 등 조치를 취한다.

(2) 수생균병

| 그림 2-13. 수생균에 감염된 미꾸라지 |

이 병은 곰팡이의 일종인 사프로레그니아(*Saporolegnia* sp.) 감염에 의한 질병이다. 미꾸라지 사육 중 가장 많이 발생하는 질병으로 체표에 회백색 솜털 모양의 균사체 수생균이 밀생한다. 수온 20℃ 이하에서 발생하는데 상처부위에 발생하며, 수온이 갑자기 변할 때, 피부점막이 손상을 입을 때 나타나기도 한다(그림 2-13). 어류를 취급할 때 물리적인 자극이 가해지지 않도록 주의하여야 한다. 반드시 전문가의 의견에 따라 치료하여야 하며, 수온을 서서히 올려주면 자연치유가 가능하다.

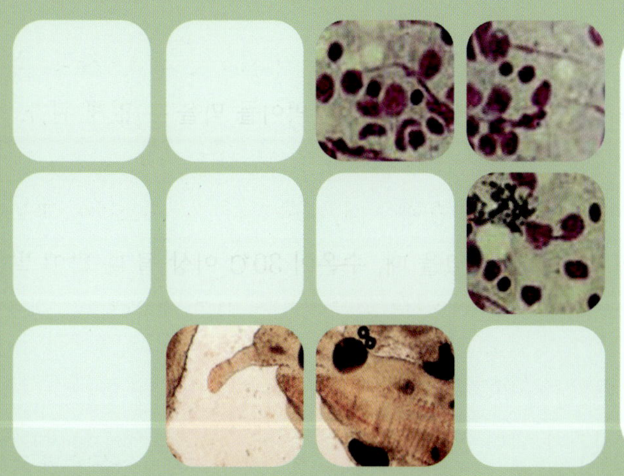

시기별 양식장 관리

III

제 3 장 _ 시기별 양식장 관리

1. 수온상승기 사육 관리

수온이 상승하면서 월동 중에 있던 양식어류는 움직임이 활발해지고 정상적인 사료섭이 활동을 하게 된다. 물고기는 주변 환경수온에 따라 어체의 온도가 달라지는 변온동물로서, 수온이 올라가는 시기가 되면 겨울철에 떨어져 있는 체온이 상승하면서 바다의 환경에 적응하기 위해서 어체 내의 대사작용으로 인해 많은 에너지가 요구된다.

참돔은 온수성 어종으로 남해안 해역에서 정상적인 사료를 섭이하는 기간은 5월에서 10월까지 약 7개월 정도이며 성장기간에 간과 장에 영양을 축적한다. 동절기에는 그동안 축적하였던 영양분을 소모하므로 생리적으로 매우 약화된 상태여서 선별, 이동, 사료 투여 등 사육관리에 특별히 주의하여야 한다.

해상 가두리 양식장에서 월동 후의 참돔은 가을철에 축적하였던 내장의 지방 소모와 저수온으로 인한 대사장애로 간이 녹색 또는 연두색으로 변하는 녹간 현상을 보이고 있으며, 합병증으로 체표의 백탁 또는 궤양이 형성된다.

간의 일반적인 기능은 섭취된 영양소를 글리코겐 상태로 저장하고, 해독작용, 담즙의 생산, 혈액의 순환기능, 면역기능 등으로 중요한 역할을 한다. 또한 간은 동맥으로부터 산소를 공급받고 정맥으로부터 영양을 공급받아서 정상적인 간의 기능을 하게 된다. 그러나 동절기에는 정상적인 먹이활동을 할수 없기 때문에 간에서 만들어진 담즙이 장으로 전달되지 못하므로 간에 담즙 축적으로 녹간 현상을 보이며, 소화효소의 분비약화로 소화력이 매우 저하된다.

그러므로 저수온 기간 중에 사료를 투여할 경우, 장내체류 기간이 길어지므로 세균 감염증이 일어나고, 점차적으로 수온이 상승하면서 체력을 회복되지 못한 개체들은 합병증이 발생되어 폐사에 이르게 된다.

월동 후 참돔의 수온상승기 중 폐사를 예방하기 위해서는 소화되기 쉬운 생사료를 사용하며, 사료공급량은 점차적으로 늘려주고, 영양제, 간장제, 소화제 등을 첨가하여 미량성분으로 보충해주면 폐사를 최소화할 수 있을 것으로 판단된다.

2. 하절기 사육 관리

국립수산과학원에서 실시한 3년간(2006~2008) 양식어류 질병 모니터링 결과, 하절기인 8월 기준 병원체 검출률은 넙치가 60.4~81.7%, 조피볼락이 63.3~86.7%이었다.

양식어류는 고수온기와 수온 변화기에 병원체 검출률이 높은 편이다. 병원체의 감염률과 폐사율은 다르기 때문에 감염되었다고 폐사를 일으키는 것은 아니다. 감염 강도가 높은 경우에 환경악화, 어체의 저항력 약화로 인해 폐사를 유발하지만, 감염되었다 하더라도 사육밀도를 줄이거나, 수산용 의약품의 효과적인 사용과 사육조건이나 환경개선을 통해 폐사율을 낮출 수 있다.

성공적인 어류양식을 위한 핵심요소는 먹이, 환경, 병원체 관리로 집약된다. 자연에서 플랑크톤을 먹이원으로 하는 굴, 멍게와는 달리 양식산 어류는 인위적으로 주는 먹이,

즉 생사료, 배합사료의 영양성분, 신선도, 보관 상태에 따라 어류의 건강상태가 달라진다. 건강상태가 좋은 어류는 사육환경변화, 즉 수온의 급변, 염분농도 변화 등에도 비교적 잘 견딘다. 조류소통이 원활한 곳에 위치하거나, 사육수조의 크기가 큰 양식장은 그렇지 않은 양식장의 어류에 비해 스트레스를 덜 받고, 병원체 감염 기회가 적으므로 생존율이 높고 성장이 빠르다. 이렇게 사료 관리와 환경개선이 되면 양식 어류의 질병관리는 자연적으로 이루어질 것으로 본다.

고수온기에는 수온변화, 용존산소량 변동 등에 대한 자체 점검과 양식생물의 건강상태 점검이 필요하다. 양식생물은 고수온과 같은 급격한 사육환경의 변화에 스트레스를 받으며, 어체 면역체계의 균형을 잃고 생리기능의 약화로 성장둔화, 폐사발생이 우려되므로 안정적으로 사육될 수 있도록 관리에 신경을 써야 한다. 또한 수온이 상승하면 어류의 산소요구량이 많아져서 어체의 산소부족현상이 나타날 수 있으므로 용존산소량이 감소할 것을 대비하여 사육 밀도를 낮추어 주며, 환수량을 증가하는 등 경우에 따라서 산소 공급장치를 가동하여야 한다. 빈산소 수괴의 해수가 유입된 경우, 벤츄리를 가동하여도 산소량 증가의 효과는 없으므로 반드시 액화산소를 공급하여 산소량을 증가시켜주어야 한다.

양식생물의 선별, 분산, 계측 등 어류에 스트레스를 주지 않도록 세심한 주의가 필요하고 고수온기에는 가능한 사료는 절식하는 것이 좋다. 사료 공급이 필요할 경우에는 신선한 먹이를 공급하는 것이 중요하다. 감염성 질병이 발생하면 전염 진행속도가 매우 빠르기 때문에 즉시 전문가의 처방에 따른 확산 방지와 치료가 필요하다.

3. 수온하강기 사육 관리

아침, 저녁으로 선선해지면서 바닷물의 수온이 점차 내려가는 시기에는 돔류를 비롯한 가두리양식 어류의 사육관리에 주의를 기울여야 할 시기이다.

생명현상의 기본은 생체 내의 화학적 변화라 할 수 있으며, 이들 화학적 변화는 생체 내 각종 효소에 의해서 일어나는데 효소 반응은 온도에 강하게 영향을 받는다. 따라서 수온의 급변은 어체 내의 생체반응 속도를 변화시키므로 효소 활성의 부조화로 어체는 강한 스트레스를 일으키며 이에 따라 질병에 대한 내병성이 약해지고 심하면 폐사된다.

저수온으로 인해 피해를 가져온 예로 2000년, 2003년, 2006년 1월 말, 2월 초에 전남 여수와 경남 통영, 거제, 남해지역에서 양식어류 2천4백만 마리가 폐사되어 3천5백만원의 피해를 가져왔다. 2006년의 경우, 참돔은 거의 전량 폐사하였으며, 감성돔은 약 70~80% 폐사율을 나타내었다. 최근 겨울철의 집단적인 대량폐사는 없었으나 이상기후변화로 인해 해황을 예측하기는 매우 어려우므로 안심하여서는 안 된다.

이렇게 폐사된 돔류의 생리학적 조사 결과, 저수온으로 인해 극도의 스트레스를 받아 혈액 중의 글루코스가 높아지고 지오티(GOT), 지피티(GPT) 등 효소수치의 급격한 상승으로 간의 손상과 함께 체내 대사율 증가에 의한 에너지 소진으로 폐사된 것으로 조사되었다. 이러한 대량폐사를 사전예방하기 위해서는,

첫째, 수온이 15℃ 이하로 떨어지기 전에 고영양, 고지방 사료 투여하여 지방을 축적시키는 것이 중요하다. 이때 정량의 먹이를 공급하며 포식이나 과식을 시킬 경우 주 1회는 절식시켜 주는 것이 좋다.

둘째, 상품크기에 도달한 양식어는 선별하여 조기 수확하여 판매하는 것이 좋으며, 이 때에 밀도를 분산하여 밀식을 예방하는 것이 좋다. 저수온기에 그물갈이나 약욕은 금

물이다. 겨울철에도 밀식은 어류에 스트레스를 주므로 폐사에 영향을 주는 요인은 사전에 대비하여야 한다.

셋째, 양식장의 수온을 수시로 측정, 기록하여 변동사항을 확인하고 수온의 변화가 많은 시기에는 사료 공급량을 감소시키거나 절식시켜야 한다.

4. 동절기 사육 관리

동절기 폐사원인은 단순히 저수온 쇼크가 어체에 심각한 타격을 주는 것도 있으나, 평상시나 월동기 이전의 영양상태, 즉 내장 지방축적이 적으면 월동하기 어려우며, 미량 영양성분의 결핍, 간장 질환 보유, 질병 보균 등과 관련되어 있어 월동기 이전인 가을철의 효율적인 양식 관리가 겨울철 폐사예방과 직결된다고 할 수 있다.

최근 10년 이내 동절기에 돔류의 폐사가 발생된 양식장의 특징을 보면, 수심 10m 이내로 대기온의 영향을 많이 받는 해역, 풍파의 영향을 많이 받는 해역, 담수의 유입을 받는 해역, 돔류의 사육밀도가 높은 경우 폐사가 많이 발생되었으므로 이러한 양식여건에 있는 경우는 주의하여야 한다.

특히 해상가두리 양식장의 돔류(참돔, 돌돔, 감성돔)는 수온이 10℃ 이하로 떨어지면 생리적인 장애가 발생하며, 8℃ 이하가 장기간 지속되면 폐사가 발생하여 양식어가에 막대한 피해를 줄 수 있으므로 월동기 이전과 월동기 중에 다음과 같은 관리가 필요하다.

첫째, 수온이 10℃ 이하로 유지되는 시기가 긴 어장에서는 저수온기 이전에 월동장으로 옮기거나, 판매 가능한 크기의 돔류는 사전에 판매하는 것이 좋다. 기생충 예방을 위한 약욕과 함께 밀도를 낮추는 분산 작업과 함께 수심이 깊은 망으로 교체해 움직임을 원활하게 해야 열악한 저수온 환경에서의 스트레스를 최소화할 수 있다.

둘째, 동절기에는 사료섭이가 부진하고 질병발생시 치료에 많은 어려움이 있어 수온이 15℃ 이하로 낮아지기 전에는 고영양, 고지방 사료를 공급하여 내장의 지방축적과 어체 항병력을 강화시켜야 한다.

셋째, 가두리 시설물을 보강하고 그물 및 부자의 결착상태나 관리사 등의 시설상태 등도 다시 점검해 한파로 인한 피해가 발생치 않도록 사전에 마무리가 필요하다는 것이다.

넷째, 월동기 중에는 1주일에 1회 정도 소화되기 쉬운 생사료를 소량씩 투여하여 건강을 유지할 수 있도록 해주어야 추가적인 폐사를 예방할 수 있다.

다섯째, 양식장의 수온을 항상 확인, 기록하여 수온의 변화가 많은 시기에는 사료를 절식시키거나 핸들링을 피해야 한다.

육상양식장의 경우, 급변하는 수온에 대비하기 위하여 사료공급량을 감소시키고 이때 투여하는 사료는 신선하며 영양제, 간장제를 혼합하여 어체의 저항력을 강화시켜야 한다. 사육환경, 특히 사육수조를 청결히 유지하고 사육밀도를 낮추어 스트레스를 최소화하여야 한다. 냉수대가 도달하였을 때는 환수량을 감소시켜 사육 수조 내 수온의 급변을 방지한다.

사료공급량 및 공급횟수를 줄이거나 사료공급을 중단한다. 사육수의 순환이 가능한 시설이면 자체 순환 사육관리를 실시하는 등 사육환경을 안정시켜 스트레스를 최소화한다. 냉수대 소멸시에는 수온의 급상승을 예방하기 위하여 사육수의 환수량을 서서히 증가시켜 주어야 한다. 수온이 올라가면 사료공급량을 서서히 증가하여 위에 부담을 줄여야 스트레스가 억제되고 정상적인 관리로 빠른 성장을 유도할 수 있다. 주요 해산양식어종의 서식 및 생존하한 수온은 표 3-1과 같으므로 참고하여 저수온기에 피해를 예방하여야 한다.

| 표 3-1. 주요 양식 어류의 서식 및 생존 가능 하한 수온 |

품 종	서식수온(℃)	적수온(℃)	생존가능 하한수온(℃)	비 고
숭 어	10 ~ 30	15 ~ 20	2 ~ 3	
농 어	7 ~ 30	10 ~ 27	5.0	
참 돔	10 ~ 30	20 ~ 28	7.0	10℃ 급이중지
감 성 돔	10 ~ 30	20 ~ 28	5.0	9℃ 급이중지
돌 돔	7 ~ 30	23 ~ 26	5.8	
방 어	8 ~ 30	22 ~ 26	8.0	12℃ 급이중지
넙 치	8 ~ 26	21 ~ 24	4.0	
조피볼락	7 ~ 30	12 ~ 21	3.5	

5. 자연재해 및 적조발생시 관리 요령

수산생물의 종류에 따른 대량폐사는 표 3-2와 같이 양식생물의 품종에 따라 폐사 발생시기와 폐사원인이 다르다.

가. 집중호우에 따른 어류양식장 관리요령

육상양식장에서는 집중호우에 의한 양식장 취수구 주변의 담수유입에 따른 저염

| 표 3-2. 수산생물 대량폐사 순기표 |

품 종	폐 사 시 기 (월)												주요 폐사 원인
	1	2	3	4	5	6	7	8	9	10	11	12	
돔 류	저수온												6℃ 이하
넙 치					질병		적조						VHSV
조피볼락							적조, 수온상승						*Coclodinium* sp. 10^4cell/ml
전 복							적조, 저염분						*Coclodinium* sp. 10^4cell/ml
참 굴								고수온					26℃ 장기간유지
피 조 개							저염분		빈산소				산소농도 3.0mg/L
바 지 락			저질변화					고수온					북서풍 → 남동풍
진주담치			먹이부족										먹이생물부족
멍 게	물렁증										물렁증		생리장애, 질병
미 더 덕	물렁증										물렁증		생리장애, 질병

분수와 혼탁수의 유입을 방지하기 위해 연안 해수 수질을 수시로 점검하고 육상으로부터 유입된 쓰레기 등 취수구에 걸린 각종 오염물질을 제거하여야 한다. 담수유입에 의한 황토물 유입과 수온저하 등의 환경 변화로 어체의 스트레스가 증가할 것으로 예상되므로 사육생물의 먹이량을 감소 또는 중지시킨다.

해양생물의 서식 염분 범위는 33.0psu 내외로 높은 염분의 해수에 적응된 생물들은 25psu 이하의 저염분 상태가 되면, 삼투압 변화를 초래하게 되어 생물체의 활력이 저하되고 장기간 지속되면 폐사로 이어지기 때문에 양식생물의 적정 염분 이하로 내려갈 경우 취수를 중단하고 저수된 사육수를 자체 순환시킨다. 또한 사육수조에 액화산소를 공급하여 충분한 산소를 공급한다.

해상 가두리양식장에서는 육상으로부터 유입되는 각종 오염물질을 제거하고 사료

공급을 중단시킨다. 담수의 다량 유입과 일사량 증가로 인한 플랑크톤의 급격한 발생에 대비하여 어류의 유영상태를 잘 관찰하고, 먹이투여 및 섭이 상태를 보아 점차적으로 사료량을 증가시킨다.

호우로 인한 저염분 및 육상 유입과 해수 오탁으로 인한 수질 변화로 양식생물은 생리적인 스트레스로 약화되어 있다가 병원체의 번식으로 어류에 기생 및 감염될 기회가 많다. 집중호우가 끝나고 수질이 안정되면, 어류의 건강상태를 점검하여 전문가의 진료를 통해 구충제나 항생제, 종합영양제 등으로 적절한 치료를 해야 한다.

나. 태풍 및 폭풍 대비 양식장 관리 요령

육상양식장에서 태풍 후 해수유동에 의한 저질 부니가 부유하므로 탁수 유입방지를 위해 취수구 부근을 확인하고 파손된 부분을 정비하거나 떠내려온 오염물을 제거하여야 한다. 주수구, 배수구, 저수조 두껑 등 바람에 날릴 염려가 있는 시설물을 점검 고정해두어야 한다.

피해가 예상되는 시설물 중 이동이 가능한 시설물은 안전한 곳으로 이동시킨다. 사육생물은 분산하여 밀도를 낮추고 먹이량을 줄인다. 경보 발효시에는 주수를 중단하고 담수유입의 우려가 있는 곳은 해수를 차단한다. 사육지의 수온 및 용존산소량을 계속 측정한다. 태풍 및 폭풍이 지나간 후에 해수가 안정되면 신선한 용수를 공급하고 오물과 흙탕물은 즉시 배수, 소독하여 병원체의 발생을 차단하여야 한다.

피해시설물은 응급 복구하고 피해내용을 조사하여 복구를 추진한다. 사육어는 질병 발생 여부를 확인하여 전문가의 진단을 받아야 한다. 재해 발생시 피해여부를 확인한 후 보고체계에 의거하여 담당 시 · 군 재해대책 본부에 신속히 보고한다.

해상 양식장에서는 태풍 및 폭풍 주의보 발효시 시설물을 점검하고 이음새가 약한 부분은 교착하여야 한다. 설치된 시설물은 풍파의 영향을 덜 받도록 침하시킨다. 닻, 부자, 가두리시설 등의 시설물을 보강하고 이동이 가능한 시설물은 안전한 장소로 이동하여 단단히 교착시켜 유실을 방지하여야 한다. 살포 및 수하직전에 있는 품종은 작업일정을 연기한다. 양식어의 그물을 확인하고 도피 방지망을 설치한다. 판매가능한 크기의 생물은 가능한 판매하고 남아 있는 양식생물은 먹이량을 감소시키며 사육밀도를 낮추어야 한다.

태풍 및 폭풍이 지나간 후에 침하시설은 정상위치로 환원하며, 닻, 부자, 수하연, 뗏목 등의 일부 파손물은 수리하여 연쇄파손의 위험을 예방하여야 한다. 풍파로 인해 몰려 있는 양식물은 선별하여 정리한 후 재조정하여야 한다. 폐사체, 유입오물 등은 신속하게 제거하여 병원체 오염을 방지하여야 한다.

다. 적조발생시 양식장 관리 요령

(1) 코클로디니움 적조생물의 어류 치사 기작

*Cochlodinium polykrikoides*에 의한 어류 치사는 이 종의 특징상 점액질 분비로 어류의 아가미에 부착시 물리적으로 점액세포를 자극시켜 점액을 과다분비시켜 호흡곤란을 일으켜 질식하는 것으로 추정한다. 한편, 적조생물이 유해 활성 산소들을 효율적으로 발생시키고, 이들이 매개하는 산화적 반응의 결과가 어류의 아가미 세포에 산화적 피해를 야기시켜 세포의 기능을 저하시켜 어류는 호흡곤란을 받는다고 확인한 바 있으나 정확한 폐사경로는 밝혀지지 않고 있다.

(2) 코클로디니움에 의한 양식 어류의 치사농도

실험실 내에서 코클로디니움으로 양식 어류에 대한 치사 실험결과, 조피볼락은 코클로디니움 5,000cells/ml에서 폐사가 없었으며, 8,000cells/ml 이상에서는 30% 폐사, 15,000cells/ml에서는 48시간 경과후 90% 이상의 폐사를 가져왔다.

적조에 비교적 약한 참돔은 3,000cells/ml에서 20% 폐사, 5,000cells/ml 48시간에 60%, 8,000cells/ml에서는 12시간 이내에 100% 폐사를 보였다. 육상에서 양식하고 있는 넙치는 조피볼락과 비슷하게 코클로디니움 5,000cells/ml에서 폐사는 없으나, 8,000cells/ml 이상에서 24시간 이내 30%의 폐사를 가져오며, 15,000cells/ml에서는 8시간 이내에 100% 폐사를 가져왔다. 그러나 양식어장의 사육환경, 조류(물때), 어류 사육 밀도, 사료의 절식 상태, 어체 크기, 어류의 건강 상태 등에 의해서 차이를 가져올 수 있으므로 주의하여야 한다.

(3) 적조 발생 이전의 어류양식장 환경 및 질병발생 현황

적조발생 이전의 해양은 고수온기이므로 조피볼락은 생리적으로 매우 약화되어 있는 상태이며, 주로 아가미흡충과 아가미부식으로 인한 빈혈과 아가미손상으로 폐사가 발생되는 시기이다.

돌돔의 경우, 안구충혈, 비장의 경화 · 탄력상실 · 비대 증세 등의 이리도바이러스병에 감염되어 어체가 매우 약화되어 약한 개체는 폐사가 일어나며, 건강한 개체도 이리도바이러스를 보균하고 있는 상태이다. 참돔, 방어, 쥐치는 고수온에 적합한 어종으로 사료섭취가 매우 왕성하며 활력이 좋은 상태로 뚜렷한 폐사가 없다.

(4) 적조 발생 초기의 적조피해 및 질병현황

적조발생 초기에는 적조경보 발생 1주일 이내로 조피볼락, 참돔, 방어, 농어가 폐사되기 시작하며, 이때 폐사된 조피볼락의 아가미에서 적조생물이 검경된다. 일부 개체에서는 아가미부식이나 아가미흡충 등이 검출되는 것으로 보아 고수온기에 접어들면서 사료량이 감소하고, 생리적 약화로 폐사가 누적된 것으로 보인다. 약화된 개체들은 적조생물의 발생 수층에서 이동하지 못하여 적조생물로 인해 아가미의 호흡곤란으로 폐사되고, 다소 건강한 개체들은 적조생물이 없는 수층으로 이동하여 폐사되지 않은 것으로 판단된다.

방어나 쥐치는 적조에 노출되면 가장 먼저 폐사되는 적조 지표 종으로 폐사된 방어나 쥐치의 아가미에서 적조생물을 확인할 수 있으며, 병적 요인을 확인할 수 없으므로 적조에 의해 폐사된 것으로 판단하고 있다.

(5) 적조 대량 발생기의 적조피해 및 질병현황

적조생물의 증식과 확산이 가장 활발한 시기에 조사한 방어, 농어, 쥐치, 참돔, 조피볼락, 볼락에서는 뚜렷한 질병요인을 확인할 수 없으며, 폐사된 어류의 아가미에서 현미경 100배 시야당 최소 8세포, 최대 48세포 이상의 고농도의 적조생물이 검경된다. 이러한 것으로 보아 적조생물이 아가미에 부착하여 질식으로 아가미 호흡곤란을 일으켜 폐사된 것으로 확인하고 있다(그림 3-1). 적조생물 유입에 의해 폐사된 넙치는 내장이 용해되어 악취가 매우 심하다(그림 3-2). 고농도의 적조가 발생하였을 경우, 가두리양식장의 어류는 전량 폐사하여 표층으로 떠오른다(그림 3-3, 3-4).

적조가 최초 발생 후 약 2주 후부터는 폐사된 어류의 아가미 적조생물의 개체수는 다소 적어져 확인하기 어렵다. 적조생물의 농도는 약해지지만 적조발생 기간 동안 양식어류는 고수온 스트레스, 수층간 이동으로 인한 체력 저하, 사료 절식 등으로 어체의 영향 균형이나 질병에 대한 저항력이 매우 저조해 있어 폐사는 더욱 가중되고 있다.

(6) 적조발생 이후의 피해 및 질병발생

적조의 발생은 종료되었으나 폐사되는 어류의 아가미에서 적조생물은 확인 할 수 없었다. 돌돔의 경우는 체색흑화, 지느러미부식, 안구발적 등의 외부증세를 나타내며 비장비대, 장발적 등의 증세를 나타내어 이리도바이러스와 세균감염에 의한 폐사로 판단되었다.

조피볼락은 적조발생 이후 사료를 먹지 못하여 복부함몰, 내장위축, 아가미흡충 대량 기생으로 인해 아가미빈혈과 내장 혈색소 저하로 빈혈에 의한 어체약화와 생리기능 저하에 의해 폐사된 것으로 추정되었다. 3년생 조피볼락은 아가미의 호흡곤란 현상과 연쇄구균과 비브리오균이 분리되어 고수온기가 지속되는 시기에 발생하는 세균감염에 의한 폐사로 추정된다.

참돔은 고수온기가 주 성장 시기이나 적조발생으로 인해 장기간 사료를 먹지 못하고 스트레스로 인해 어체 면역기능 저하에 의해 외부 체표 점액과 비늘이 박리되고 내부 장기의 위축과 악성빈혈로 어체약화에 의해 폐사된 것으로 추정되었다. 또한 적조발생 이후, 적조생물에 의한 아가미 점액물질 분비로 손상된 어류의 아가미에 트리코디나충, 백점충 등 기생충이 대량 번식하여 아가미를 손상하고 자극하여 폐사를 일으키므로 적조 이후의 사육 관리에도 주의하여야 한다.

(7) 적조발생시 치어에 미치는 영향

1995년, 2003년, 2007년도의 경우는 적조 지속일이 각각 55일, 62일, 50일로 당년에 입식한 조피볼락, 참돔 치어에서 아가미흡충, 아가미부식, 빈혈증세를 나타내었다. 치어의 경우, 주 성장시기인 8~9월에는 매일 2회 이상의 사료섭이로 성장과 생존을 유지하여야 하나, 적조발생으로 사료의 장기간 절식으로 인한 어체의 영양 결핍, 성장 저하 등으로 어체의 생존에 영향을 가져오고 있으므로 적조발생 시기에 사료투여 방법을 강구하여야 한다.

(8) 적조 소멸 이후 사육관리

적조에 노출된 생존 어류는 아가미에 유기물 침착과 점액분비로 인해 아가미 손상과 기생충 감염으로 인하여 아가미 부식병 발생이 예상되므로 전문가의 진료를 통해 기생충 구제제와 항생제 약욕을 실시하며 약욕시는 충분한 산소를 공급하는 것이 중요하다.

적조발생 기간에는 장기간 사료를 절식시켜 주므로 어류의 위나 장이 위축되고 소화기능이 매우 약해져 있으므로, 적조발생 이후에는 소화되기 쉬운 생사료를 사용하며,

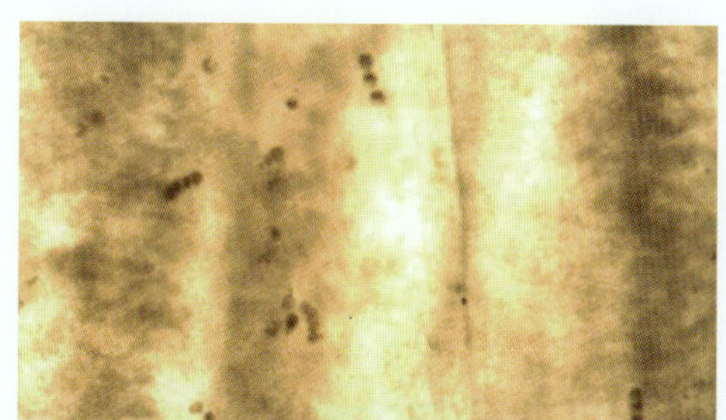
| 그림 3-1. 아가미 적조생물 부착 |

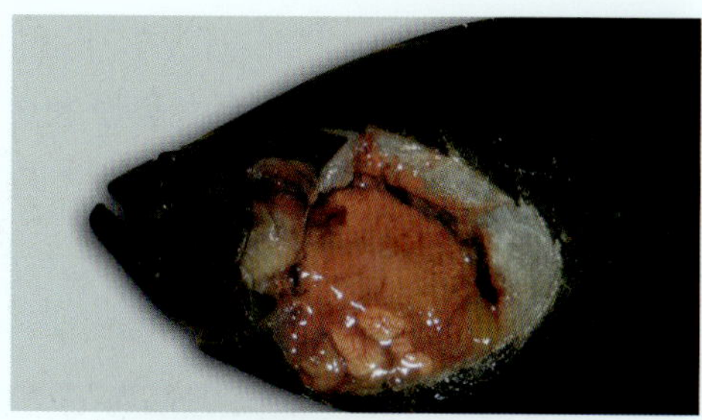
| 그림 3-2. 적조에 의한 넙치 내장 용해, 악취 |

| 그림 3-3. 적조유입에 따른 대량폐사 |

| 그림 3-4. 적조유입에 따른 폐사광경 |

처음에는 소량씩 주며 점차적으로 양을 늘려주어야 어류에 스트레스와 2차적인 폐사를 줄일 수 있다.

사료는 선도가 양호하며 소화되기 쉬운 생사료를 선택하여야 하며, 약화되어 있는 어체 기능 증강을 위해 비타민 E, C, 영양제, 간장제 등의 면역 보조제를 첨가하여 주는 것이 어체 기능 회복에 도움을 줄 수 있다. 적조발생 이후 조류소통이 정체되는 시기에는 플랑크톤 소멸에 의한 일시적 산소부족(빈산소)이 발생될 수 있으므로 가두리 내에 산소를 충분히 공급하여 호흡곤란이 발생되지 않게 하여야 한다.

수산용 백신

IV

제 4 장 _ 수산용 백신

1. 백신의 원리

백신은 사람이든 동물이든 병원체에 한번 감염된 후 다시 같은 종류의 병원체의 침입을 받았을 때, 일정 기간 동안 감염이 되지 않는 원리를 이용한 것이다. 백신을 투여하게 되면 세균과 바이러스가 감염시 항원을 기억하여 생체에서 면역반응을 일으킨다.

사람은 획득면역 외에 태어날 때부터 비특이적 면역시스템을 갖고 있다. 이것은 자연면역이라고도 하며, 새우, 문어와 같은 무척추동물에서는 비특이적 면역시스템만으로 방어기능을 수행하고 있다. 그러나 자연면역은 특이성이 없어 기억을 할 수 없기 때문에, 백신을 사용한 질병예방이 불가능하다. 즉, 새우와 문어는 항원을 투여했을 때 면역반응이 일어나지만, 2회째 같은 항원을 투여해도 최초와 같은 정도의 면역반응밖에 일어나지 않는다. 그러나 획득면역을 가진 어류 이상의 척추동물에서는 2회째 항원을 투여했을 때 1회째의 항원 침입을 기억하여 훨씬 빠르고 강한 반응이 일어나므로 백신 투여로 질병예방을 할 수 있다.

2. 백신의 필요성

국내 어류 양식 생산량은 해마다 지속적으로 증가하여 1990년도 2,656톤에서 2009년도 109,516톤, 생산금액은 9,816억 원으로 1990년도 대비 2009년도는 40배 이상의 높은 생산량을 나타내었다(2009, 농림수산식품 주요통계). 이러한 양식 생산량 증가와 더불어 장기간 연작은 양식장 환경의 악화를 가져오고 양식장 환경의 악화는 질병 발생으로 이어지고 있다.

질병으로 인한 폐사를 막기 위해 다양한 종류의 수산용 약제가 사용되고 있으나, 정확한 진단 없이 사용되어 치료효능의 감소 및 난치성 바이러스성 질병의 증가로 어류의 대량폐사를 유발하고 있다. 또한 양식동물은 질병 발생시 육상동물과 달리 물을 통하여 병원균이 빠르게 확산되므로 양식 산업에 치명적인 영향을 줄 수 있다.

이와 더불어 수산물 교역 증가에 따라 외국 악성전염병의 국내 반입이 증가하고 있다. 이러한 외국 유래 악성전염병의 토착화로 국내 양식생물의 질병 발생률은 더욱 높아져 2007년도 27%에서 2009년도에는 30%로 증가하였다. 특히 우리나라의 주요 양식품종인 넙치의 경우 2009년도의 질병에 의한 폐사율은 제주 44%, 완도 24%로 높게 나타났다.

이러한 수산동물의 질병발생을 예방하기 위해서는 양식장 환경 개선 등의 외부적 요인도 중요하겠지만, 근본적으로는 사람과 마찬가지로 수산용 백신의 개발 및 보급으로 항생제 사용을 최대한 줄이며, 안전한 식품을 생산하는 것이 최선의 방법으로 생각되고 있다.

3. 백신의 종류와 투여방법

가. 백신의 종류

백신은 형태에 따라 생백신과 사백신(불활화백신)으로 나눌 수 있으며, 사백신에는 병원체 전체가 사용되는 사백신과 병원체 일부가 사용되는 subunit 백신 또는 recombinant 백신 그리고 DNA 백신 등이 있다.

나. 백신의 접종방법

어류 백신의 접종방법에는 주사법, 경구투여법 및 침지법이 있으며(그림 4-1), 장단점은 표 4-1과 같다. 어류 백신은 동일한 백신이라도 투여방법에 따라 투여시 어려움, 스트레스 받는 정도, 비용, 효능과 백신 지속기간에 차이가 있다. 효능이나 지속 기간 면에서 볼 때, 주사법이 가장 효과적이지만, 투여시 용이성, 어류가 받는 스트레스 정도를 고려하면 경구투여법이 가장 효과적인 것으로 나타났다(표 4-2).

| 그림 4-1. 수산용 백신접종 방법(왼쪽: 주사법, 오른쪽: 침지법) |

| 표 4-1. 백신 접종방법에 따른 장점과 단점 비교 |

방 법	장 점	단 점
주사법	- 면역반응이 가장 강하게 형성됨 - Adjuvant 사용 가능 - 개체가 큰 어류에서 효과적임	- 집약화된 양어장에서만 사용 가능 - 많은 노동력이 요구됨 - 핸들링 등으로 스트레스가 유발됨 - 크기는 15g 이상이어야 함
침지법	- 5g 이하의 작은 어류에 대량 백신 가능 - 10g 이하에서 가장 효과적인 방법임 - 물고기에 미치는 스트레스가 적음	- 집약화된 양어장에서만 사용 가능 - 핸들링으로 스트레스가 유발됨 - 주사법보다 면역반응이 약함
경구 투여법	- 넓은 양식장에서 적용 가능 - 스트레스가 전혀 없음 - 어종의 크기에 관계없이 대량 처리 가능 - 노동력 절감	- 면역반응이 약함 - 방어능력을 획득하기 위해서는 많은 양의 백신이 필요함

(자료: Horne MT, Ellis AE. 1988)

| 표 4-2. 백신처리 방법에 따른 효능 |

지 표	침지법	주사법	경구투여법
접종시 용이성	++	+	+++
스트레스	+++	++	+
비용	++	-	++
효능	++	+++	±
지속 기간	++	+++	±

(자료: Sylvie and Eric, 2005)

(1) 주사법

주사법은 접종량이 정확하고 소요되는 백신량도 적으며, 아쥬반트의 첨가도 가능하고 방어능도 다른 투여법에 비해 높지만, 어류에 미치는 스트레스가 크고 많은 노동력을 필요로 하는 단점이 있다. 처음에는 양식 어민들이 물고기에 주사시 핸들링에 의한 스트레스에 대한 두려움으로 주사백신을 선호하지 않았다. 그러나 주사 접종시 일부 약한 어류만 핸들링에 의해 폐사가 발생하고 주사 백신에 의해 폐사는 발생하지 않는다는 사실이 알려지면서 현재는 양식현장에서 가장 선호하는 방법이다.

(2) 경구투여법

경구투여법은 어류를 수조에서 꺼낼 필요가 없어 집단을 대상으로 하는 어류양식에서 이상적인 투여법이지만 주사법과 침지법에 비해 효과가 낮은 편이며, 효과가 낮은 주요 원인으로 장 특히 후장부에서 항원이 흡수되기 전에 위의 소화효소에 의해 단백질이 분해되어 항원성이 없어지기 때문인 것으로 생각되고 있다.

경구 백신은 장시간 경과해야 방어능이 형성되므로 다른 접종법보다 효능이 낮은 단점이 있지만, 충분한 항원량이 투여된다면 방어능력을 높일 수 있다는 보고가 있으며, 경구백신의 효능을 높이기 위하여 항원보강제인 아쥬반트에 대한 많은 연구가 진행 중이지만, 현재 상용화되고 있는 경구 백신 중 효과가 우수한 백신은 거의 없다.

(3) 침지법

침지법은 주사법 다음으로 효과가 좋은 투여법으로 주사가 어려운 치어에 투여가 가능하고 비교적 대량 처리가 가능하기 때문에 많이 사용되고 있지만 경구법처럼 다량의 백신이 소요되는 단점이 있다. 침지 백신은 피부와 아가미에서 흡수되어 병원체를 인식하는 점막 표면에 작용하여 피부와 아가미 상피에 위치한 항체 분비세포와 같은 특이세포를 활성화하여 이후에 어류가 병원체에 노출될 때 방어를 하게 된다.

침지 백신은 면역 지속기간이 길지 않기 때문에 질병이 장기간 유행될 때는 추가 접종이 필요하며, 크기가 큰 어류에서는 백신 소요량이 많기 때문에 비용대비 효과 측면이나 백신에 의한 스트레스 때문에 사용되지 않는다.

다. 어류 백신 처리시 주의할 사항

어류는 고등 척추동물의 면역체계와 비교해 볼 때 척추동물 중 가장 원시동물이지만, 면역체계에서 고등척추동물과 유사한 점이 많다. 어류는 항체 중 일부 어종에서 IgM의 분비가 확인되었으나, 어종에 따라 기능이나 효능에서 차이가 있으며, 다양한 어종에 대한 면역체계에 대한 연구가 미흡하여 효과적인 백신 개발에 장애 요인이 되고 있다.

어류의 면역체계는 환경에 많은 영향을 받으므로 백신의 효과는 환경에 따라 큰 차이를 보이고 있다. 즉, 고효능의 백신이 실용화되어 양식현장에 사용되었더라도 사육환경에 따라 원래의 효과를 나타내지 못하게 되는 경우가 있다. 예를 들어 옥시테트라사이클린, 옥소린산, 플로르페니콜 등과 같은 항생제 남용, 용존산소량 저하 및 질소산화물질 증가시 백신 효능은 저하되게 된다.

수질의 악화는 어류에 스트레스로 작용하여 질병에 쉽게 감염되게 하므로 환경의 개선에 의한 수질의 유지는 질병의 예방뿐만 아니라 백신의 효과를 높이기 위해서 필수적이다. 또한 수온, 계절적 요인, 오염물질, 사료 중의 비타민 결핍 등에 의해서도 백신효과가 저하될 수 있으므로 백신 투여시에는 백신의 효과를 극대화할 수 있는 환경에서 투여하는 것이 필요하다.

4. 백신의 국내 · 외 개발현황

최초의 어류백신은 1942년 에로모나스균(*Aeromonas salmonicida*)을 포르말린에 불활화하여 실험실 내에서 사용한 예가 있으며, 전 세계적으로 최초로 허가된 어류백신은 1976년 미국에서 메기의 enteric red mouth 질병에 대한 비브리오병(*Vibrio anguillarum*) 백신이다. 현재는 노르웨이, 영국, 미국, 캐나다에서는 은어, 연어과 어류, 챠넬메기 등 주로 양식어종에 대해서 비브리오 백신 등 수십 종의 다양한 백신이 개발되어 시판되고 있다.

가. 국외현황

(1) 노르웨이

수산용 백신의 선진국인 노르웨이의 경우 1980년대 비브리오병과 절창병이 발생하여 경제적으로 큰 피해를 받았으나 당시에는 오직 항생제에만 의존하여 치료하였다. 그러나 1976년 미국에서 개발된 *Vibrio anguillarum (Listonella anguillarum)* 침지백신의 효과가 입증되어, 1987년에는 연어과 어류의 비브리오병(*V. salmonicida*) 침지백신이 개발되어 우수한 예방효과로 항생제 사용이 감소되었다.

그러나 1989년 절창병(Furunculosis)이 다시 유행하면서 *Aeromonas salmonicida* 침지백신의 효과가 높지 않아 접종방법에 대한 재검토가 이루어졌다. 이후 백신의 효능을 높이기 위하여 1993년에 항원보강제(Adjuvant)가 함유된 절창병 주사백신이 개발되었으며, 1995년에는 전염성 췌장 괴사증 바이러스(Infectious Pancreatic Necrosis virus) 질병에 대한 재조합백신, 1996년에는 *V. viscosus (Moritella viscocus)*가 첨가된 6종 혼합백신, 아쥬반트가 혼합된 5종 혼합백신이 개발되어 양식 현장에 사용되고 있다.

이와 같이 다양한 백신이 개발됨에 따라 백신 사용량도 증가하였으며, 대서양연어 생산량도 증가하였다. 즉, 1986년의 대서양연어의 생산량은 5만 톤이었으나, 1996년에는 30만 톤에 달했으며, 항생제 사용량도 1987년에 49톤이었으나, 1992년과 1993년 사이에 급격하게 감소하여 1997년에는 0.7톤으로 거의 사용되지 않게 되었으며(그림 4-2), 양식생산량에 대한 항생제 사용량으로 환산하면 1/450로 감소한 결과를 나타내었다.

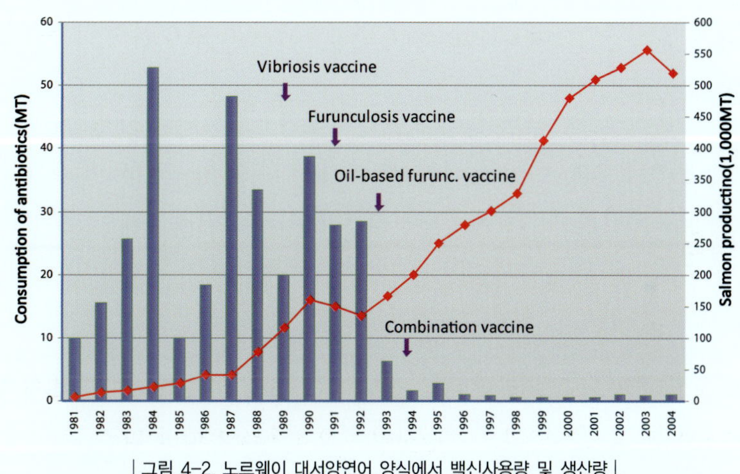

| 그림 4-2. 노르웨이 대서양연어 양식에서 백신사용량 및 생산량 |

노르웨이의 수산용 백신 사용량을 보면(그림 4-3), 1990년도 이후 침지백신 대신에 주사백신이 시판되어 백신의 실용화가 시작되었다. 1992년에는 현재 사용되고 있는 오일 아쥬반트(oil adjuvant)가 첨가된 백신이 제품화되어 1993년에는 오일 아쥬반트 백신이 보급되었다. 그림 4-2에서 1992년부터 1993년의 약제 사용량이 급격히 감소한 것은 아쥬반트 첨가 주사 백신의 보급에 의한 것으로 생각되고 있다.

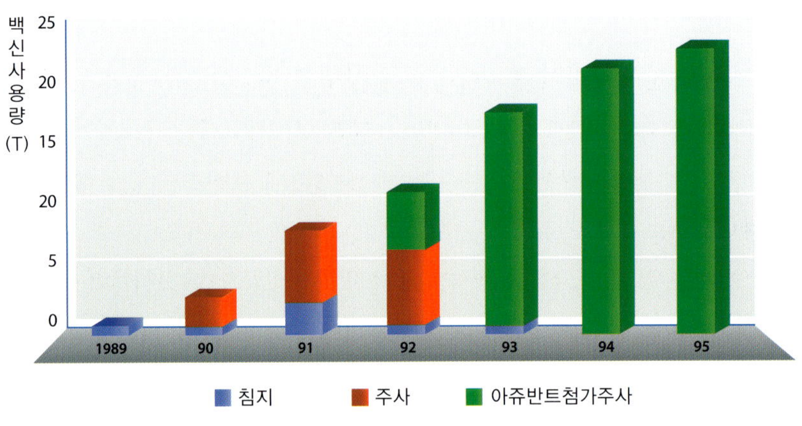

| 그림 4-3. 노르웨이에서 수산용 백신 사용량 변화 |

이 시기의 실제 질병 발생 현황을 노르웨이 국립연구소의 어류 질병진단 건수 현황으로 보면 1988년부터 크게 유행한 적점병도 1993년부터 아쥬반트 백신 보급으로 급격히 감소하여 1995년에는 거의 발생하지 않았다. 이와 같이 노르웨이 대서양연어 양식에서 백신의 보급으로 질병이 유행하지 않게 되고 양식어가에서는 약제를 사용하지 않게 되었다(그림 4-4).

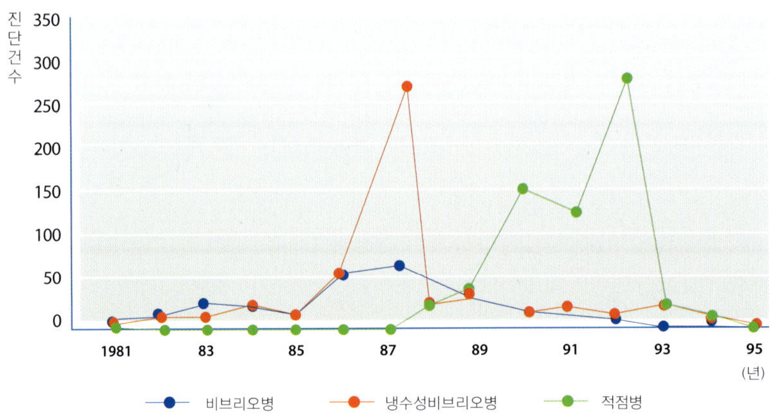

| 그림 4-4. 노르웨이의 주요 질병발생 현황 |

(2) 일 본

어류양식에서 백신 사용량이 증가함에 따라 항생제 사용량 감소 및 생산량 증대는 노르웨이에서뿐만 아니라 일본에서도 유사한 경향을 나타내고 있다. 백신의 사용은 양식 생산량 증대뿐만 아니라 항생제 사용 감소로 국민에게 안전한 수산물을 제공할 수 있다는 것을 나타내었다.

일본에서는 일본 최초의 수산용 백신인 연어과 어류 비브리오병 불활화 침지 백신의 실용화에 따라 연어과 어류에 비브리오병 예방 백신을 처리한 후, 무지개송어 양식장 5개소를 대상으로 비브리오병 백신 침지에 의한 예방효과 및 경제성을 조사하였다.

이 지역의 무지개송어에서는 매년 비브리오병이 발생하여 1989년까지 피해량은 연간 생산량의 약 5%, 피해액은 4,000만 엔이었으며, 치료대책으로 설파제가 주로 사용되었지만 약제 내성균이 증가하여 치료가 어려워지고 있었다. 그러나 비브리오병 백신의 접종을 실시한 후 양어장에서 비브리오병은 발생하지 않았으며, 1989년 1개 양식장에서 사육어의 일부에 백신을 접종하지 않은 결과, 1990년도에는 접종하지 않은 어군에서만 비브리오병이 발생하였다. 백신 보급 전에는 치료약제비가 500만 엔, 비브리오병에 의한 피해 금액은 4,000만 엔으로 비브리오병에 의해 합계 4,500만 엔의 손실이 있었지만, 백신 보급 후 비용은 백신 구입비로 약 1,500만 엔이 들었지만, 비브리오병으로 죽는 어류가 없어 경영면에서도 백신 사용은 경제적인 것으로 나타났다(그림 4-5).

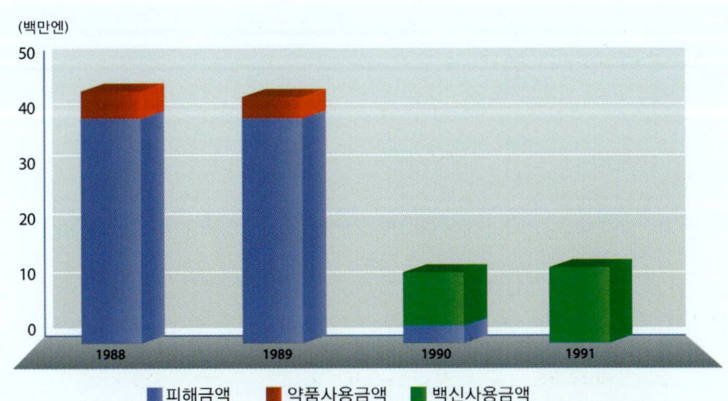

| 그림 4-5. 무지개송어 양식장에서 비브리오병 백신 사용 효과 사례 |
(※백신 사용금액은 사용한 연도에는 표시하지 않고, 효과가 확인된 연도에 표시하였음)

우리나라와 양식어종이 유사한 일본에서는 11종의 백신이 개발, 승인되어 있다(표 4-3). 1988년 연어과 비브리오백신을 처음 개발한 이래 어종을 확대하여 은어 및 연어과 비브리오 백신을 개발하였으며, 그 후 방어와 넙치의 연쇄구균 백신, 참돔의 이리도바이러스 백신을 추가적으로 개발하였다. 그 후 방어와 넙치의 연쇄구균 백신, 참돔의 이리도바이러스 백신을 추가적으로 개발하였다. 또한 개발된 단일 백신을 2종과 3종 혼합백신으로 개발하여 방어의 이리도바이러스, 비브리오, α-용혈성 연쇄구균증 3종 혼합 주사 백신 등 2007년도까지 11종의 백신이 승인되었다.

| 표 4-3. 일본에서의 어류백신 등록 현황 |

어 종	제 품	용 법	최초 등록일
연어과	비브리오 감염증	침 지	1988
은 어	비브리오 감염증	침 지	1989
방 어	비브리오 감염증	침 지	2005
방 어	α-용혈성 연쇄구균증(lactococcus) 불활화	경 구	1997
방 어	α-용혈성 연쇄구균증(lactococcus) 효소처리용	주 사	2001
방 어	α-용혈성 연쇄구균증(lactococcus)	주 사	2003
넙 치	넙치 β-용혈성 연쇄구균증	주 사	2004
참 돔	이리도바이러스	주 사	2000
방 어	비브리오, α-용혈성연쇄구균증	주 사	2000
방 어	이리도바이러스감염증, α-용혈성연쇄구균증	주 사	2002
방 어	이리도바이러스, 비브리오, α-용혈성연쇄구균증	주 사	2004

(자료 : 일본 농림수산성)

현재 국제적으로 시판되고 있는 수산용 백신으로는 은어와 연어과 어류의 비브리오병 백신, 연어과 어류의 구적병 백신, 부스럼병 백신, 냉수성 비브리오병 백신, 방어의 장구균증 백신, 유럽 농어의 유결절 백신, 미국 메기의 에드와드병 백신, 담수어의 콜롬나리스병 백신, 방어의 α-용혈성 연쇄구균증 불활화 백신, 방어의 α-용혈성 연쇄구균증과 비브리오 불활화 혼합백신 등이 있다.

나. 국내현황

우리나라에서 어류질병 예방백신 개발은 국립수산과학원 병리연구과에서 주도적으로 추진하여 왔으며, 넙치의 세균성 질병 중 피해가 큰 에드와드병, 연쇄구균병 및 비브리오병, 바이러스병에 대해서는 이리도바이러스와 어류 노다바이러스의 예방백신 개발을 위하여 그림 4-6과 같은 방법으로 수행하여 산업체에 기술 이전하였다.

병리연구과에서는 검출률 및 병원성이 높은 것으로 알려진 *S. iniae* (β-용혈성 연쇄구균)에 대한 예방백신을 개발하여(2003년) 산업체로 기술 이전하였으며, 현재 양식현장에서 가장 많이 사용되고 있다.

그러나 연쇄구균증은 단독감염뿐만 아니라 다른 세균성 질병과의 혼합감염률이 높게 나타나므로, 효과적인 예방을 위하여 혼합백신의 상용화가 시급한 실정이다. 현재 연쇄구균과 에드와드병 혼합백신, 연쇄구균 2종 혼합백신, 연쇄구균 2종과 에드와드균을 혼합한 3종 혼합백신도 품목허가를 취득한 상태로 향후 현장에 적용시 질병예방에 큰 효과를 나타낼 것으로 기대된다.

넙치의 비브리오병은 해수 중에 상존하는 비브리오균이 주로 선별이나 이동할 경우 취급 부주의로 인하여 상처가 생기면 그곳을 통하여 감염이 일어나거나 다른 세균성, 기생충성 및 영양성 질병이 발생하게 되면 쉽게 감염증을 일으키는 2차 세균성 질병으로 알려져 있다. 예전에는 *V. anguillarum*이 대표적인 어류 병원성 비브리오균이라고 알려져 있었으나, 최근에는 검출이 잘되지 않고 있다. 반면에 치어기에 발생하는 장관백탁증의 원인균인 *V. ichthyoenteri*, *V. harveyi*에 의한 감염증과 같이 병원성이 높은 비브리오균에 의한 비브리오증이 보고되고 있다. 수산과학원에서는 넙치에서 감염율 및 병원성이 높은 비브리오하베이 백신을 개발하여 특허출원 후 산업체에 기술이전하였다(2010년).

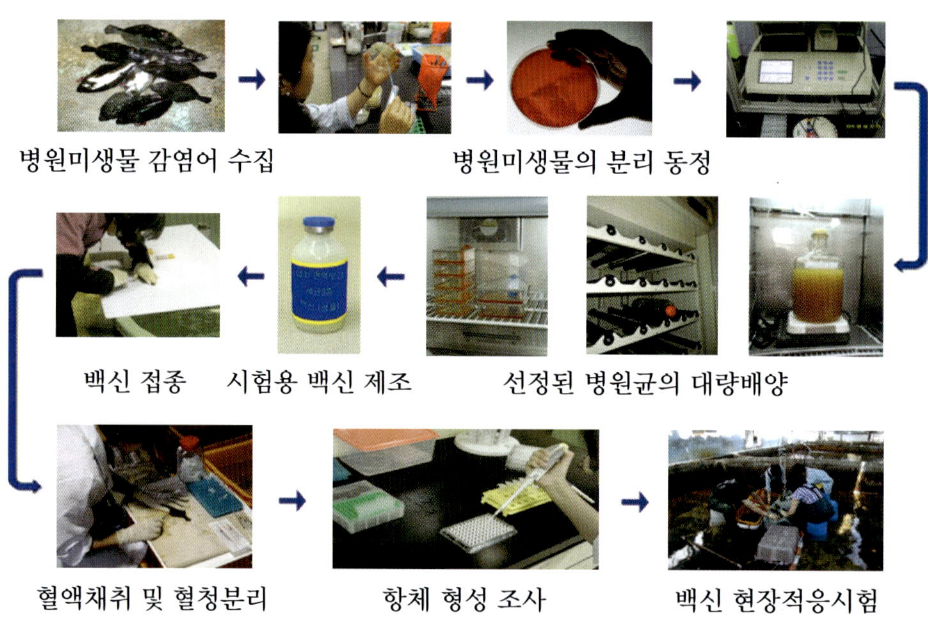

| 그림 4-6. 수산용백신 개발 추진도 |

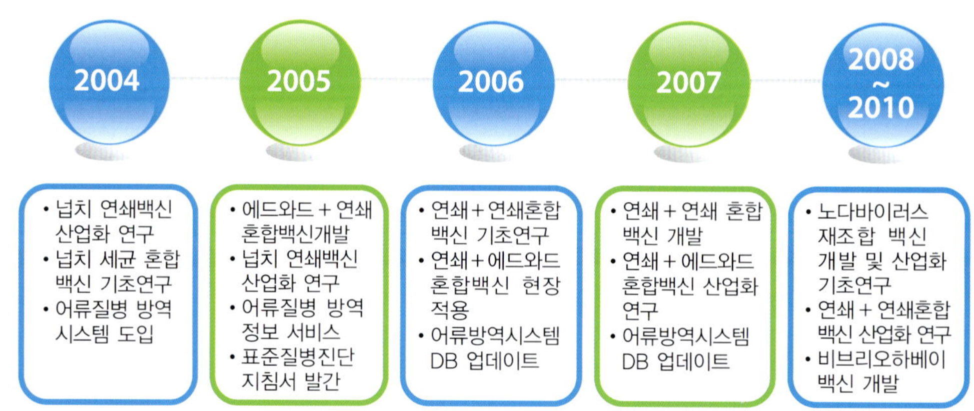

| 그림 4-7. 국립수산과학원의 질병예방 및 백신 개발 추진 경과 |

넙치의 노다바이러스 감염증은 해산어류의 뇌와 안구 망막의 신경조직 괴사를 유발하는 노다바이러스의 일종인 β-노다바이러스 감염에 의한 것으로, 해산어류 질병 감염현황에서도 이 바이러스의 검출률이 61%로 가장 높게 나타났다. 본 질병은 자치어기의 β-노다바이러스 감염이 이후 성장기의 넙치에서도 기생충 및 세균의 감염원으로 작용할 가능성이 높은 것으로 추정하였다. 국립수산과학원에서는 어류 노다바이러스 백신을 개발하여 특허출원 후 산업체에 기술 이전하였다(2010년).

2006년부터 농림수산식품부에서 실시하는 "어류질병예방백신 공급 사업"과 연계하여 양식 어업인의 부담을 최소화(국비 40%, 지방비 40%, 자비 20%)하여 현재 우리나라의 수산용백신은 6종류의 병원체에 대하여 9개 업체에서 14개 제품 품목허가를 취득하였다. 즉 단독백신 3종(*S. iniae, E. tarda*, Iridovirus)과 혼합백신 3종(*S. iniae + S. parauberis, S. iniae + E. tarda, S. iniae + S. parauberis + E. tarda*)이 품목허가를 받아 현장에 사용되고 있거나, 현장에서 사용되기 위해 국가검정을 준비 중에 있는 것으로 파악되었다(표 4-4).

백신은 어병대책으로 매우 효과적인 방법으로 우리나라에서도 가능한 빨리 모든 양식품종에 보급되어야 하지만, 많은 양식품종과 다양한 병원체로 항생제에서 백신으로의 전환이 노르웨이에 비해서 시간이 걸린다고 생각된다.

백신의 개발은 어류와 병원체 양쪽 모두의 특성에 관한 연구가 필수적인데, 노르웨이의 경우 양식되고 있는 연어과 어류는 어류 중 면역기구가 가장 많이 밝혀진 품종이며, 주요 병원체인 *Aeromonas salmonicida*도 또한 연구가 많이 진행된 세균이므로 백신의 개발 및 실용화가 용이하였던 것으로 판단된다.

그러나 우리나에서는 넙치, 참돔, 조피볼락, 연어, 농어, 무지개송어 등 많은 품종이 양식되고 있고, 이 중에는 성장과정 중 어느 시기에 면역이 형성되는지 등 기본적인 것조차 아직 밝혀지지 않은 것이 많다. 또 발병하는 질병의 종류도 연쇄구균증, 비브리오병, 에드와드병 등 세균성 질병, 이리도바이러스병, IHN, IPN, VNN 등 바이러스성 질병 등 다수가 있는 실정이다. 항생제는 다수의 질병에 대해 효과를 나타내지만, 백신은 각 질병에 대해 한 가지씩 우선적으로 효능이 확인되어져야 하므로, 각 어종의 주요 질병에 대해서 모든 백신을 개발하는 데에는 많은 시간이 소요될 것으로 생각된다.

| 표 4-4. 수산용 백신 품목허가 현황 |

	구분	회사명	백신종류	허가일	대상어종	사용법
1	제조	(주)대성미생물연구소	에드와드백신(*E. tarda*)	05.07.26	넙치	침지
			연쇄구균증백신(*S. iniae*)	06.12.15	넙치	주사
			대성넙치연쇄혼합백신 (*S. iniae* + *S. parauberis*)	10.12.16	넙치	주사
2		녹십자수의약품(주)	에드와드백신(*E. tarda*)	03.05.09	넙치	침지
			연쇄구균증백신(*S. iniae*)	06.11.17	넙치	주사
			넙치포세이돈-3(*S. iniae* + *S. parauberis* + *E. tarda*)	10.01.26	넙치	주사
3		(주)코미팜	연쇄구균증백신(*S. iniae*)	09.03.30	넙치	주사
			연쇄구균증혼합백신 (*S. iniae* + *S. parauberis*)	09.03.30	넙치	주사
4		(주)고려비엔피	연쇄구균증백신(*S. iniae*)	06.06.19	넙치	주사
			연쇄구균증혼합백신 (*S. iniae* + *S. parauberis*)	09.12.08	넙치	주사
5		(주)중앙백신연구	연쇄구균증백신(*S. iniae*)	10.06.30	넙치	주사
6	수입	(주)유한양행	연쇄구균증백신(*S. iniae*)	07.01.12	넙치	주사
7		인터베트코리아(주)	연쇄구균증백신(*S. iniae*)	09.2.18	넙치	주사
8		(주)삼양애니팜	연쇄구균증백신(*S. iniae*)	07.12.31	넙치	주사
9		(주)보령바이오파마	이리도불활화백신(*Iridovirus*)	04.07.01	넙치	주사

※ 9개의 수산용 의약품 업체에서 4종류의 병원체에 대하여 15제품의 품목허가를 취득하였음.

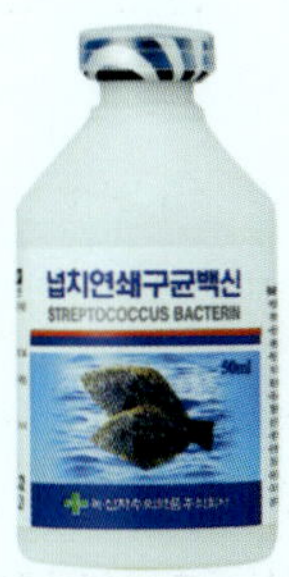

| 그림 4-8. 시판중인 수산용 백신 |

| 표 4-5. 수산용 백신 안전사용을 위한 6대 수칙 |

1. 백신사용에 있어 반드시 전문기관 및 전문가(수산질병관리사회, 국립수산과학원 병리연구과 및 지역연구소, 지자체 수산사무소 및 수산연구소, 수산질병관리사, 수의사) 등의 접종지도를 받아 주십시오.
2. 백신의 사용 전에는 제품의 사용설명서를 잘 읽고 사용 용량과 사용상 및 취급상 주의사항 등에 유념하십시오.
3. 백신 투여 전에는 어류의 건강상태를 잘 관찰하고 이상이 있을 경우에는 투여하지 마십시오.
4. 개봉한 백신은 한번에 모두 사용 하십시오.
5. 백신은 2~5℃의 암소에 보관하고 얼리지(냉동) 마십시오.
6. 사용하고 남은 백신은 원칙적으로 폐기하고 재사용하지 마십시오.

수산용 의약품

V

제 5 장 _ 수산용 의약품

수산동물질병관리법이 시행(2008.12.22.: 수산생물질병관리법으로 개정되어 2012. 7. 22 시행)됨에 따라서 양식장에서 사용하는 수산용 의약품은 반드시 정부에서 품목허가를 받아, 양식 어패류뿐만 아니라 소비자에게 안전성과 유효성이 확보된 제품만을 사용하도록 규제가 강화되고 있다.

과거에는 양식장 주인인 내가 내 재산인 물고기에게 치료 약품을 임의로 선정해서 투약하는 것이 그리 문제되지 않는다고 생각한 적도 있었다. 그러나 양식장에서 사육하는 물고기는 그 사육 목적이 엄연히 식품이며, 양식업은 개인의 이익을 얻기 위한 경제 활동이다. 그렇다면 경제활동의 논리에 알맞게 식품의 안전성을 최대한 확보해야 할 의무가 있는 것이다.

만약 이러한 안전사용 규칙을 어기고 사용금지 약품 또는 유해한 약품 등을 마음대로 사용한다면, 2005년 말라카이트그린 사건과 같이 내수면 양식산업의 존립을 위협하였던 것처럼 눈에 보이지 않는 쓰나미가 되어 다가올 것이다.

그러므로 양식장에서 사용하는 수산용 의약품은 반드시 전문가(수산질병관리사, 수의사, 수산질병관리원 등)의 1차 처방을 받는 것이 필수 요건이 되는 것이다. 또한 법률에서 지정하는 약품의 적정 사용 규칙을 어기지 않도록 사용자는 항상 주의해야 할 것이다. 약품의 사용에 있어서 규제가 많다고 불만을 제기하기보다는 식품 안전을 중시하는 시대적 추세에 순응하는 자세가 필요하다.

항생제, 생물학적제제(백신) 등 주의 동물용 의약품에 대한 수의사 처방제가 담겨진 약사법 및 수의사법 개정안이 국회를 통과(2011.11.29)하였다. 여러 가지 후속조치가 이루어져야 하기 때문에 개정된 약사법(법률 제11521호)의 제85조(동물용 의약품 등에 대한 특례)의 시행일은 1년 6개월 이후부터이다. 이 조문의 가장 중요한 내용은 약사법에서 정한 주의 동물약품은 수의사(수산질병관리사)가 직접 투약하거나 처방전을 발행토록 시행근거를 마련한 것이다. 수산용 의약품도 동일하게 적용되므로 오 · 남용이 우려되는 항생제 등은 판매 및 구입할 때 반드시 수산질병관리사(수의사)의 처방전이 요구된다. 이 제도의 부작용을 최소화하고 제대로 정착시키기 위하여 관계기관의 담당자와 업계 종사자들이 힘을 모아야 할 것이다.

양식장에서 질병발생시, 신속하게 전문가의 진단과 처방을 받아 정확한 용법 및 용량에 따라 약제를 사용하고, 투약 후에는 어체 내에서 소실되는 휴약기간을 반드시 준수하여야 한다. 양식 어패류는 곧바로 식품이라는 사실을 다시 한번 명심하고, 양식 어패류가 안전한 신토불이 기호식품으로서 소비자들에게 사랑을 듬뿍 받도록, 너와 나 그리고 우리 모두 한마음이 되어서 노력해야 할 것이다.

1. 수산용 의약품 안전사용 수칙

더욱 안전하고 위생적인 웰빙 수산식품을 선화하는 소비자들의 선진요구에 따라 식품 안전성, 고급화가 고려된 수산식품의 인증제도(수산물품질인증제도, 친환경수산물인증제도, HACCP 등)가 실행되고 있다. 전 세계적으로 웰빙문화의 정착과 로하스(LOHAS) 적용에 따라 산업과 연계한 모든 산물에 대한 환경 유해 유무에 따른 규제 강화가 이루어지고 있다.

"수산용 의약품" 은 약사법 제85조 및 동물용의약품등취급규칙 제2조에 의거 「수산용 동물용 의약품으로 어패류 등에 사용함을 목적으로 하는 동물용 의약품이다. 즉, 질병

예방 및 치료를 위해 사용되는 항병원성약의 항생물질, 합성항균제, 구충제가 대표적이다.

수산용 의약품을 사용할 때에는 용법 및 용량이나 휴약기간 등에 관한 "수산용 의약품 안전사용을 위한 10대 수칙" 을 꼭 지켜야 하며, 출하 전 규정된 휴약기간을 의무적으로 반드시 준수하여야 한다(표 5-1). 어패류의 질병을 치료할 때 필요한 수산용 의약품의 선택은 전문가의 처방을 받아 사용하여야 한다.

| 표 5-1. 수산용 의약품 안전사용 10대 수칙 |

1. 전문기관 및 전문가(국립수산과학원 병리연구과 및 지역연구소, 지자체 수산사무소 및 수산연구소, 수산동물병성감정기관, 수산질병관리사, 수의사 등)로부터 정확한 질병진단과 함께 약제감수성시험 등을 통해 처방받은 유효성분의 수산용 의약품을 사용하십시오.
2. 사용설명서를 충분히 읽어본 후 사용하십시오.
3. 사용설명서에 지정된 대상 종에만 사용하십시오.
4. 사용용량을 반드시 지켜주십시오.
5. 사용방법(경구, 약욕)을 반드시 지켜주십시오.
6. 휴약기간은 정확히 준수하여 주십시오.
7. 성분이 서로 다른 약을 함께 투여하는 등 중복사용을 하지 마십시오.
8. 출하전 휴약기간 동안에는 사료와 관련된 일체의 기구 등을 깨끗하게 청소하여 약품의 오염을 방지하십시오.
9. 수산용 의약품의 사용내역을 철저히 기록 유지하십시오.
10. 이상의 사항에 대하여 의문이 있으시면 인근의 전문기관에 도움을 청하십시오.

2. 약품 사용 전 꼭 명심할 사항

수산용 의약품은 국가에서 안전성 및 유효성 심사를 거쳐 품목허가를 받은 의약품으로, 마취제, 소화촉진제, 호르몬제, 비타민제, 항생제, 합성항균제, 구충제, 소독제, 백신 등이 있다. 제품의 겉 포장지에는 반드시 수산용(동물용) 의약품, 사용 대상어종 등이 기재되어 있다. 따라서 유효성분이 동일하더라도 「동물용○○」, 「공업용○○」 등 포장지 어느 곳에도 수산용(동물용) 의약품이라는 허가와 관련된 문구를 찾아볼 수 없는 상품은 사용하지 않아야 한다.

양식장에서 사용할 약제의 유효성분이 결정되면, 제조회사마다 대상어종, 용법, 용량 및 휴약기간 등이 다소 상이하기 때문에, 약제의 겉 포장지에 기재된 사용설명서를 충분히 숙지한 후 투약했을 때 치료효과를 거둘 수 있다.

질병치료를 위하여 수산용 의약품을 적정하게 사용하지 않고 예방차원으로 미량의 수산용 의약품을 자의적으로 투여하면 치료효과가 없을 뿐만 아니라, 오히려 내성균 출현으로 질병을 악화시킬 가능성이 있다. 정확한 용법 및 용량에 따라 약제를 사용해야 한다. 또한, 수산용 의약품을 사료에 잘 혼합하지 않으면, 어류마다 흡수되는 약제의 양이 크게 달라져 약물 사고를 일으킬 수도 있고 치료효과도 기대하기 어렵다.

양식장에서 사육하는 어패류가 소비자들에게 고품질 안전 식품으로서의 신뢰를 받기 위해서는 수산용 의약품의 사용내역(해당약품명, 사용일시, 사용수조 또는 가두리, 용법, 용량, 휴약기간, 출하일시 등)이 기록된 장부를 항시 비치하는 습관을 들일 필요가 있다.

약사법(제85조제3항)에 의거 수산질병관리사 또는 수의사의 진료 및 처방이 있을 경우에만 사용대상 어종의 변경이 가능하다. 단, 이 경우 「동물용 의약품의 안전사용기준」 고시(제3조제2호)에서 규정하는 수산질병관리사 또는 수의사가 발급하는 "출하제한

지시서”를 반드시 보관하여야 한다.

수산용 의약품은 국내외 안전성 문제로 인해 당초 품목허가가 취소되거나 용법 · 용량 등이 변경 승인되는 경우도 발생하기 때문에, 양식 어업인은 항상 최신 수산용 의약품 사용안내 요령을 숙지할 필요가 있다.

수산용 의약품과 관련한 각종 정보와 문의사항은 국립수산과학원 병리연구과에서 운영하는 어병정보센터 홈페이지(http://fdcc.nfrdi.re.kr) (그림 5-1)의 공지사항을 참고하거나, 「묻고 답하기」 코너에 질의하면 원하는 정보를 얻을 수 있고, 또한 이 홈페이지에서 유용한 수산용 의약품 관련 파일을 다운로드해서 이용할 수도 있다.

국내 품목허가된 모든 수산용 의약품의 제품에 대한 정보를 인터넷에서 얻을 수 있는 방법은 아래와 같다. 만약 이 사이트에서 제품명(유효성분) 등이 검색되지 않을 경우는 허가받은 제품이 아니므로 사용하지 않아야 한다.

① 농림수산검역검사본부(구, 국립수의과학검역원)에서 운영하는 동물용 의약품 정보관리 시스템 홈페이지(http://medi.qia.go.kr/)의 품목검색 코너에서 제품명을 입력하면 제품명과 부표파일의 다운로드가 가능하다(그림 5-2).

② (사)한국동물약품협회(KAHPA)가 운영하는 홈페이지의 제품명 검색 코너(http://kahpa.or.kr/index_k.htm)에서 제품명을 입력하면 코드명, 제품명, 회사 상호 및 전화번호가 나타난다(그림 5-3).

③ 동물약품편람 홈페이지(http://lwoffice.co.kr/kvpd/)에서 회원가입하고 일정 금액을 결재(1,000원당 50품목 검색 가능)하면 모든 제품의 부표 확인이 가능하다(그림 5-4).

| 그림 5-1. 어병정보센터 홈페이지 |

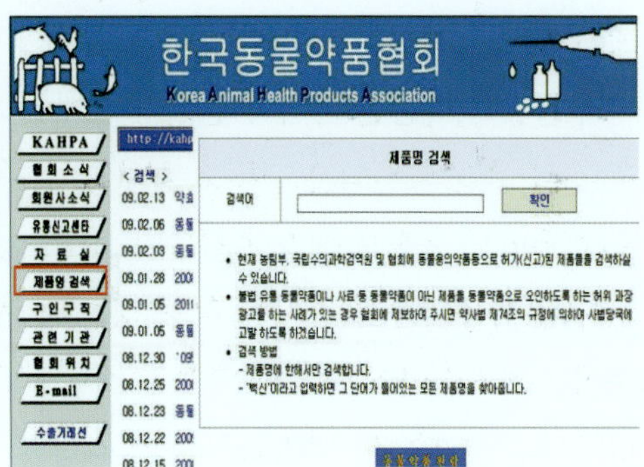

| 그림 5-2. 한국동물약품협회 홈페이지 |

| 그림 5-3. 동물용 의약품 정보관리 시스템 |

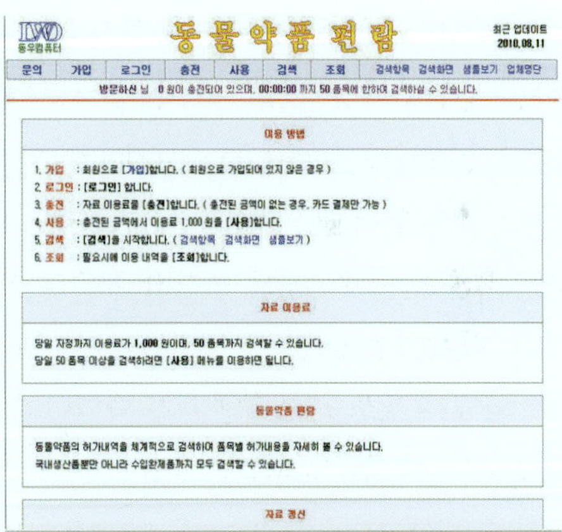

| 그림 5-4. 동물약품편람 홈페이지 |

3. 양식장에서의 수산용 의약품 사용방법

가. 유효성분

병원균의 증식을 억제시킬 수 있는 약품 본래의 효과를 나타내는 성분으로서 약품 포장에 제품중의 유효성분 및 함량이 기재되어 있다.

(예) 본제 1㎏ 중 Oxytetracycline-HCl 200g(역가) → 20% 함유

나. 용법

약품의 사용방법으로서 사료에 혼합하여 치료하는 경구투여법, 약품을 녹인 물에 일정시간 양식어를 수용하는 약욕법, 사육지(못) 중에 약품을 녹이는 살포법, 어체의 근육 등에 직접 주사하는 주사법이 있다.

다. 용량

약품의 적정 투여용량으로 경구투여법은 어체중 1㎏당 1일 투여량이며, 약욕법은 물에 녹이는 양을 의미한다. 이때 약품의 용량은 유효성분(=역가)을 뜻하며, 실제 시판 상품의 약제량을 결정하는 방법은 예시와 같다.

① 약제 투여량 계산법(경구투여법)

> 어류 사육 총중량(㎏) × 어체중 1㎏당 약제 투여량(㎎) × 〔약제 포장 중량(g) ÷ 약제 유효성분 함량(g)〕= 1일 약제 투여량(㎎)

(예) 넙치의 어체 총중량 5,000kg에 옥시테트라사이클린(본제 1kg 중, 유효성분 200g 함유)을 어체 kg당 50mg을 투여할 경우 필요한 약제의 양은? (☞ 1.25kg)

➡ 1일 약제 투여량의 계산원리

1일 약제 투여량 : 5,000kg × 50mg/kg × (1,000g ÷ 200g) = 1,250,000mg = 1.25kg

※ 일반적으로 제약회사 사용설명서에는 유효성분에 대한 부형제 첨가 비율을 미리 고려하여 다음과 같이 표시하고 있으므로, 제품 포장지의 사용설명서에 기재된 사용방법을 따르면 된다.

(예) 경구투여의 경우 ☞

㉮ 1일 1회 어체중 톤당 본제 50~100g을 사료에 혼합하여 3~5일간 경구투여한다.

㉯ 어체중 톤당 본제 200g을 사료에 혼합 또는 흡착시켜 3~10일간 경구투여

② 약제 투여량 계산법(약욕법)

약제의 살포량은 ppm으로 표시되는데, ppm이란 백만분율로서 1 ppm은 물 100만에 대하여 치료 약품 1을 녹인 것을 말한다. 즉, 1톤(t)은 1,000,000ml (=1,000L)이므로 물 1톤에 약물 1g을 녹이면 1ppm이 된다.

약제의 살포량(g) = 수량(톤) × 약품의 농도(ppm)

(예) 약욕의 경우 ☞

㉮ 물 1톤당 본제 120g을 용해시켜 30~60분 또는 240g을 용해시켜 5~10분간씩 증상에 따라 1일 1회씩 1~5일간 약욕

㉯ 물 100L에 본제 10~15g 비율로 용해하여 5~24시간 약욕

➡ 사각형 수조일 때 살포량 (그림 5-4)

○ 물의 양 = 가로 × 세로 × 깊이(수심)로 계산된다.

(예) 못의 크기가 가로 10m, 세로 10m, 수심 50cm의 경우, 테트라사이클린 200 ppm으로 약욕하고자 한다면 필요한 약제의 양은? (☞ 10kg)

→ 물의 양 = 10 × 10 × 0.5 = 50m^3 = 50톤
1일 약제 투여량 : 약품의 양 = 50톤 × 200ppm = 10,000g = 10kg

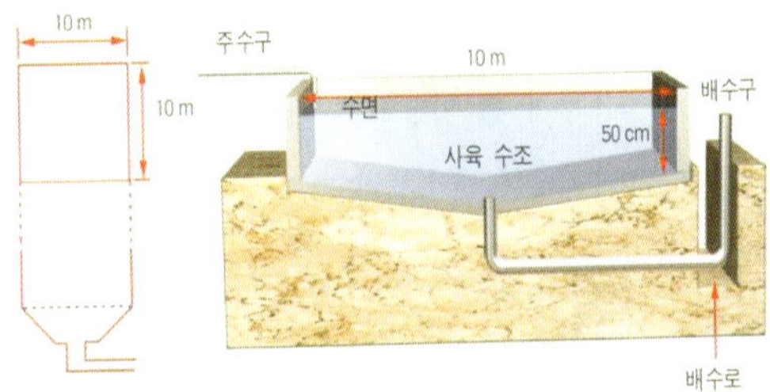

| 그림 5-4. 사각 수조의 모형 |

➡ 원형 수조일 때 살포량 (그림 5-5)

○ 물의 양 = 원의 넓이 × 깊이(수심)로 계산된다.

이때 원의 넓이 = (원의 반지름)^2 × 3.14이다.

(예) 수조의 지름이 8m, 수심 50cm의 경우, 테트라사이클린 200ppm으로 약욕하고자 한다면 필요한 약제의 양은? (☞ 약 5kg)

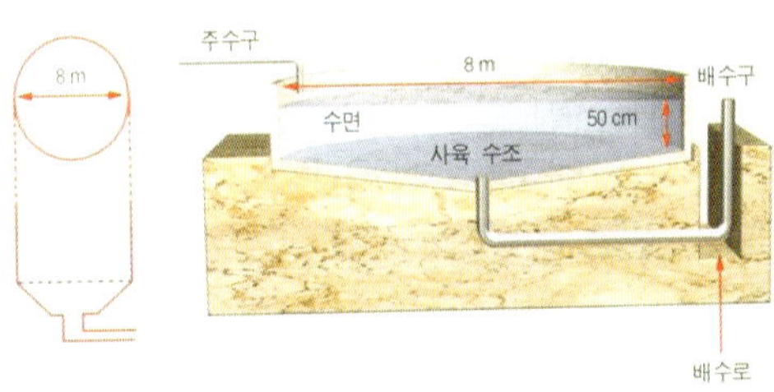

| 그림 5-5. 원형 수조의 모형 |

라. 주의사항

① 적정 경구 투약시기는 사료 섭취량, 폐사어수 및 유영상태 등을 보고 전체적으로 판단하지만 대략 1일 폐사율이 총사육 마릿수의 0.1% 전후일 때가 알맞다.

② 전체 어체중(어류평균체중×방양마리수당) 소요약제를 1일 사료 투여량의 50~70%에 혼합하여 투여하는 것이 적당하며, 사료에 혼합하기가 곤란할 경우에는 물 또는 Feed oil에 용해하여 사료에 골고루 흡착시켜야 한다.

③ 약제 투여 전에는 하루정도 굶기는 것이 효과적이며, 약제가 사료에 과량으로 첨가되는 경우 어류가 약물첨가 사료를 먹지 않는 경우가 있다.

④ 투약기간은 약제 치료효과가 나타난 후 2~3일 정도로 대략 총투여일수는 5~7일간으로 하는 것이 원칙이지만, 때로는 전문가의 판단이 필요할 경우도 있다.

⑤ 약욕 또는 살포시 사육 수온이 높으면 낮을 때보다 약품의 효과가 높고 독성이 강하다는 사실이 알려져 있으므로 농도를 약간 낮추는 것이 안전하다. 일반적으로 수온이 20℃ 이하로 떨어지거나 pH가 7.0 이상이면 약품의 치료 효과가 적으며, 수온이 15℃ 이하일 경우는 거의 치료효과를 나타내지 않을 수가 있다.

마. 휴약기간

휴약기간은 약품을 마지막으로 투여한 다음날부터 약리 대사작용에 의해 양식어류의 체내에서 약제가 소실되어 양식어를 출하해도 무방한 시기가 될 때까지의 기간이다(표 5-2).

식품위생법 제7조제1항의 규정에서 동물용 의약품의 잔류허용기준치가 설정되어 있는 약품의 경우는 약물이 체내 대사과정을 거쳐 잔류허용기준 이하의 안전한 수준까지 배설되는 기간을 말한다. 만약 이 기간 내에 양식 어패류를 출하할 경우는 약품이 어체 내에 잔류 가능성이 있어 국민 보건위생상 문제가 야기될 수도 있으며, 또한 법에 의해 처벌을 받을 수 있다.

사육수온의 경우, 양식어류의 체내에서 약품이 배설되는 기간에 영향을 미칠 수도 있기 때문에, 투약한 약품에 대하여 출하전 동물용 의약품의 잔류여부 분석을 농림수산검역검사본부(구, 국립수산물품질검사원) 등 전문기관에 의뢰하는 방법도 양식어패류의 안전성 확보에 도움이 될 것이다.

| 표 5-2. 휴약기간의 실제 적용 사례 |

(예) 휴약기간이 5일로 표기된 약품을 2011년 9월 1일부터 9월 3일까지 3일간 투약한 경우는 투약이 끝난 시점인 9월 4일부터 9월 8일까지가 휴약기간이다.

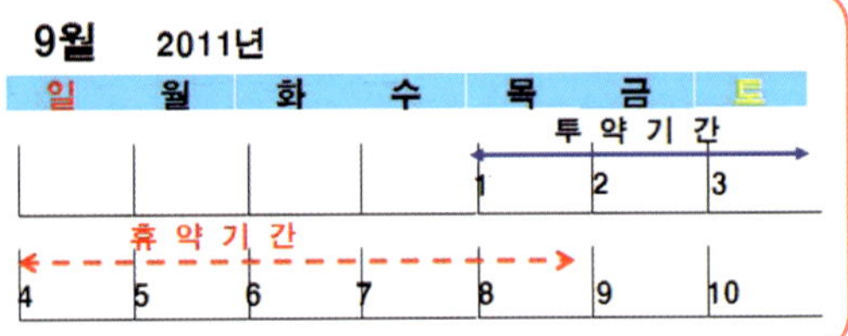

바. 수산용 의약품 사용관련 주요 법률

약사법 제85조에는 수산용 의약품의 소관부서가 농림수산식품부임을 규정하고 있다. 이 법률에 의거하여 하위법령으로 동물용의약품등취급규칙에서 수산용 의약품의 정의, 안전사용기준 등이 설정되어 있고, 인허가의 소관부처는 농림수산검역검사본부(구, 국립수의과학검역원) 이다.

식품의약품안전청에서는 식품위생법에 근거하여, 식품 중 검출되어서는 아니되는 물질, 즉 수산용 의약품으로 사용금지된 것으로 니트로푸란, 클로람페니콜, 말라카이트 그린 등을 지정하고 있다. 또한 어종별 수산용 의약품의 잔류허용기준도 설정해서 고시하는데, 만약 양식장에서 출하되어 횟집 등에서 판매되는 활어패류에 잔류하는 수산용 의약품 검사는 이 고시에 의거해서 관리되고 있다.

수산동물질병관리법과 같은법 시행규칙의 제40조에 의거, 허가받지 아니한 의약품 또는 화학물질에 대한 사용제한 또는 사용금지의 명령에 따르지 아니한 자는 법적 제재(제53조)를 받게 되어 있어 주의가 요망된다. 양식 수산물의 식품 안전성과 직결되는 수산용 의약품의 사용에 관해서는 정부로부터 허가받은 약품을 사용하는 것이 가장 중요한 사항이다.

수산물품질관리법에 의거 수산물의 안전성 조사는 농림수산검역검사본부(구, 국립수산물품질검사원)에서 수행하고 있으며, 이 안전성 조사 항목 가운데 항생제가 포함되어 있다.

한편, 유해화학물질관리법에서는 비록 유해물질로 지정된 화학물질이라도 약사법에 의거하여 품목허가를 받은 의약품과 의약외품은 이 법의 적용범위에서 벗어난다고 규정한다. 즉 허가받은 수산용 의약품은 더 이상 유해물질이 아닌 것이다.

부록에는 수산용 의약품과 관련이 있는 법률 조문을 요약해서 수록하였다.

4. 국내 승인된 수산용 의약품 유효성분 총괄표

국내 승인된 수산용 의약품의 유효성분을 나타낸 표에는 품목허가 당시 성분별 해당 대상어종의 사용여부를 나타낸 것으로, 사용하는 제품의 사용설명서에 기재된 세부 대상어종을 확인하여야 한다.

사용이 불가능한 대상어종으로 (×)의 표시가 되어 있는 것은 해당약품이 유해하여 사용이 불가능한 것이 아니라, 제조품목허가를 신청할 당시에 해당약품의 대상어종에 대한 실험내역이 없었던 것이다. 또한 해당 사용대상 어종이 정확하게 명시되지 않고, 단지 “어류” 라고 기재된 사례도 확인되었다. 동일한 유효성분이라 하더라도 사용대상 어종이 다를 수 있으므로 사용 전에 반드시 확인하여야 한다.

가. 항생물질 · 합성항균제(Antibiotics)

○ 성분별 사용허가 대상어종

대상어종 / 유효성분	넙치	조피볼락	돔류	방어	농어	복어	전갱이	보리새우	축양전복	뱀장어	송어류	연어류	잉어	틸라피아	은어	미꾸라지	메기	붕어	향어	어란	물, 시설	어류감수성세균
아목시실린 (Amoxicillin)	×	×	×	○	×	×	×	×	×	×	×	×	×	×	×	×	×	×	×	×	×	○
아목시실린 삼수화물 (Amoxicillin trihydrate)	×	×	×	○	×	×	×	×	×	×	×	×	×	×	×	×	×	×	×	×	×	○
암피실린 (Ampicillin)	×	×	×	○	×	×	×	×	×	○	○	×	○	×	×	×	×	×	×	×	×	×
암피실린 나트륨 (Ampicillin sodium)	×	×	×	○	×	×	×	×	×	×	×	×	×	×	×	×	×	×	×	×	×	×
암피실린 삼수화물 (Ampicillin trihydrate)	×	×	×	○	×	×	×	×	×	×	○	×	×	×	×	×	×	×	×	×	×	×
세파드록실 (Cefadroxil)	×	×	×	×	×	×	×	×	×	×	×	×	×	×	×	×	×	×	×	×	×	○
세팔렉신 (Cephalexin)	○	○	×	○	×	×	×	×	×	×	○	×	×	×	×	×	×	×	×	×	×	×
세팔렉신 일수화물 (Cephalexin monohydrate)	○	○	×	○	×	×	×	×	×	×	○	×	×	×	×	×	×	×	×	×	×	×
클린다마이신 (Clindamycin)	○	×	×	×	×	×	×	×	×	○	×	×	×	×	×	×	×	×	×	×	×	×
염산 클린다마이신 (Clindamycin HCl)	○	×	×	×	×	×	×	×	×	○	×	×	×	×	×	×	×	×	×	×	×	×
독시사이클린 (Doxycycline)	○	○	×	○	×	×	×	×	×	×	×	×	×	×	×	×	×	×	×	×	×	×
염산 독시사이클린 (Doxycycline hyclate)	○	○	×	○	×	×	×	×	×	×	×	×	×	×	×	×	×	×	×	×	×	×
에리스로마이신 (Erythromycin)	○	○	○	○	×	×	×	×	×	○	○	○	×	○	○	×	×	×	×	×	×	×
에리스로마이신 티오시안산염 (Erythromycin thiocyanate)	○	×	○	○	×	×	×	×	×	○	○	○	×	○	○	×	×	×	×	○	×	○
플로르페니콜 (Florfenicol)	×	×	×	○	○	×	×	×	×	○	○	○	×	×	○	×	×	×	×	×	×	○
플루메퀸 (Flumequine)	○	○	×	○	○	×	×	×	×	○	○	○	○	×	×	×	×	○	×	×	×	○

황산 겐타마이신 (Gentamicin sulfate)	○	×	×	×	×	×	×	×	×	×	○	×	○	×	×	×	×	×	×	×	×	×
염산 린코마이신 (Lincomycin HCl)	×	×	×	○	×	×	×	×	×	×	×	×	×	×	×	×	×	×	×	×	×	×
네오마이신 (Neomycin)	×	×	×	×	×	×	×	×	×	○	○	×	○	×	○	×	×	×	×	×	×	○
황산 네오마이신 (Neomycin sulfate)	×	×	×	×	×	×	×	×	×	×	×	×	×	×	×	×	×	×	×	×	×	○
옥소린산 (Oxolinic acid)	×	×	×	○	×	×	×	×	×	○	○	○	○	×	○	×	×	×	×	×	×	○
옥시테트라사이클린 (Oxytetracycline)	×	×	○	○	×	×	×	×	×	○	○	×	○	×	×	×	○	×	×	×	×	×
염산 옥시테트라사이클린 (Oxytetracycline HCl)	○	○	○	○	×	×	○	○	○	○	○	○	○	×	○	○	○	×	×	×	×	○
스피라마이신 (Spiramycin)	×	×	×	○	×	×	×	×	×	×	×	×	×	×	×	×	×	×	×	×	×	×
스피라마이신 엠보네이트염 (Spiramycin embonate)	×	×	×	○	×	×	×	×	×	×	×	×	×	×	×	×	×	×	×	×	×	○
설파디메톡신 나트륨 (Sulfadimethoxine sodium)	×	×	×	○	×	×	×	×	×	○	○	×	○	×	○	×	×	×	×	×	×	×
설파모노메톡신 (Sulfamonomethoxine)	×	×	×	○	×	×	×	×	×	○	○	×	○	×	×	×	×	×	×	×	×	×
설파모노메톡신 나트륨 (Sulfamonomethoxine sodium)	×	×	×	○	×	×	×	×	×	○	○	○	○	×	×	×	×	×	×	×	×	×
설피속사졸 (Sulfisoxazole)	×	×	×	○	×	×	×	×	×	○	○	×	○	×	○	×	×	×	×	×	×	×
티암페니콜 (Thiamphenicol)	○	×	○	○	×	×	×	×	×	×	○	×	×	○	○	×	○	×	×	×	×	○
아목시실린 삼수화물+플로르페니콜 (Amoxicillin trihydrate+Florfenicol)	○	×	×	×	×	×	×	×	×	×	×	×	×	×	×	×	×	×	×	×	×	×
암피실린+황산 콜리스틴 (Ampicillin+Colistin sulfate)	×	×	×	×	×	×	×	×	×	×	×	×	×	×	×	×	×	×	×	×	×	○
세팔렉신+황산 겐타마이신 (Cephalexin+Gentamicin sulfate)	○	×	×	×	×	×	×	×	×	×	×	×	×	×	×	×	×	×	×	×	×	×
에리스라마이신 티오시안산염+설파디아진+트리메토프림 (Erythromycin thiocyanate+Sulfadiazine+Trimethoprim)	○	○	×	○	×	×	×	×	×	○	○	○	○	×	×	×	×	×	×	×	×	○
염산 옥시테트라사이클린+황산 네오마이신 (Oxytertacycline HCl+Neomycin sulfate)	×	×	○	○	×	×	×	×	×	○	○	×	○	×	×	×	×	×	×	×	×	○

설파디아진+트리메토프림 (Sulfadiazine+Trimethoprim)	×	×	×	×	×	×	×	×	×	×	×	×	×	×	×	×	×	×	×	×	○
설파모노메톡신+오르메토프림 (Sulfamonomethoxine+Ormethoprim)	×	×	×	×	×	×	×	×	×	×	×	×	×	○	×	×	×	×	×	×	×
티아물린+염산 독시사이클린 (Tiamulin hydrogen fumara+Doxycycline hyclate)	○	○	×	○	×	×	×	×	×	○	○	×	×	×	×	×	×	×	○	×	×	○

나. 구충제(Anthelmintic)

○ 성분별 사용허가 대상어종

대상어종 / 대상질병	넙치	조피볼락	돔류	방어	농어	복어	보리새우	축양전복	뱀장어	송어류	연어	잉어	틸라피아	은어	미꾸라지	메기	붕어	향어	어란	물,시설	어류
비치오놀 (Bithionol)	×	×	×	○	×	○	×	×	×	×	×	×	×	○	×	×	×	×	×	×	○
푸마길린 (Fumagillin)	×	×	×	×	×	×	×	×	○	○	×	○	×	×	×	×	×	×	×	×	×
프라지콴텔 (Praziquantel)	×	○	×	×	×	×	×	×	×	×	×	×	×	×	×	×	×	×	×	×	×
트리클로르폰 (Trichlorofon)	×	×	×	×	×	×	×	×	○	×	×	○	×	×	×	×	×	×	×	×	×
포르말린 (Formalin)	○	×	×	×	×	×	×	×	×	×	×	×	×	×	×	×	×	×	○	×	×

다. 소독제(Disinfectant)

○ 성분별 사용허가 대상어종

대상어종 / 대상질병	넙치	조피볼락	돔류	방어	농어	복어	보리새우	축양전복	뱀장어	송어류	연어류	잉어	틸라피아	은어	미꾸라지	메기	붕어	향어	어란	물,시설등	어류
이산화염소 (Chlorine dioxide)	×	×	×	×	×	×	×	×	○	×	×	○	×	×	×	×	×	×	×	○	○

디에프-100 (DF-100)	×	×	×	×	×	×	○	×	×	×	×	×	×	×	×	×	×	×	×	○	○
포비돈아이오다인 (Povidone iodine)	×	×	×	×	×	×	×	×	×	×	×	×	×	×	×	×	×	×	○	×	×
목초액 (Guaiacol)	×	×	×	×	×	×	×	×	×	×	×	×	×	×	×	×	×	×	×	○	×
클로라민-T (Chloramin-T)	×	×	×	×	×	×	×	×	×	×	×	×	×	×	×	×	×	×	×	○	×
과산화수소 (Hydrogen peroxide)	×	×	×	×	×	×	×	×	×	×	×	×	×	×	×	×	×	×	×	○	×
과산화설페이트칼륨 (Potassium monoper-sulfate triple salt)	×	×	×	×	×	×	×	×	×	×	×	×	×	×	×	×	×	×	×	○	×

라. 백신(생물학적제제, Vaccine)

○ 성분별 사용허가 대상어종

대상어종 / 대상질병	넙치	조피볼락	돔류	방어	농어	복어	보리새우	축양전복	뱀장어	송어류	연어류	잉어	틸라피아	은어	미꾸라지	메기	붕어	향어
에드와드병 (*Edwardsiella tarda*)	○	×	×	×	×	×	×	×	×	×	×	×	×	×	×	×	×	×
연쇄구균증 (*Streptococcus iniae*)	○	×	×	×	×	×	×	×	×	×	×	×	×	×	×	×	×	×
연쇄구균증 (*Streptococcus iniae*+ *S. parauberis*)	○	×	×	×	×	×	×	×	×	×	×	×	×	×	×	×	×	×
연쇄구균증+에드와드병 (*Streptococcus iniae*+ *S. parauberis*+*E. tarda*)	○	×	×	×	×	×	×	×	×	×	×	×	×	×	×	×	×	×
이리도바이러스병 (Iridovirus)	×	×	○	○	×	×	×	×	×	×	×	×	×	×	×	×	×	×

마. 마취제(Anesthetic)

○ 성분별 사용허가 대상어종

대상질병 \ 대상어종	넙치	조피볼락	돔류	방어	농어	복어	보리새우	축양전복	뱀장어	송어류	연어	잉어	틸라피아	은어	미꾸라지	메기	붕어	향어	어란	어류
트리카인 (Tricaines)	×	×	×	×	×	×	×	×	×	×	×	×	×	×	×	×	×	×	×	○
이소유게놀 (Isoeugenol)	×	×	×	×	×	×	×	×	×	×	○	×	×	×	×	×	×	×	×	×

바. 호르몬제(Hormone)

○ 성분별 사용허가 대상어종

대상질병 \ 대상어종	넙치	조피볼락	돔류	방어	농어	복어	보리새우	축양전복	뱀장어	송어류	연어류	잉어	틸라피아	은어	미꾸라지	붕어	향어	채널메기
생식선 자극 호르몬 (HCG)	×	×	×	×	×	×	×	×	×	×	×	×	×	×	○	×	×	○

5. 수산용 의약품의 제조 품목허가 절차

수산용 의약품을 제조하려면 동물용의약품등취급규칙 제4조 규정에 의거 농림수산검역검사본부장(구, 국립수의과학검역원장)에게 반드시 제조업 허가를 받아야 하며, 이때 제조하고자 하는 품목(1개 이상)을 동시에 허가신청을 하여야 한다. 허가신청을 한 후 안전성 및 유효성 심사규정 고시에 의거해서 등록 또는 반려가 이루어지며, 최저 6개월이 소요되는 것으로 확인된다.

수산용 의약품을 시판하는 제약업체는 제품을 생산하기 사용하기 위해서 이와 같이 반드시 국가로부터 품목허가를 받아야 한다. 이러한 인허가 업무를 담당하는 부처는 농림수산검역검사본부(구, 국립수의과학검역원)이며, 이와 관련된 문의는 동물약품관리과 약무관리계(031-467-4304, 4307~9)로 문의하면 원하는 정보를 얻을 수 있다. 단, 생산된 제품과 관련된 전체적인 질의 내용은 한국동물약품협회(031-707-2170) 또는 개별 생산 제약업체로 문의하면 된다.

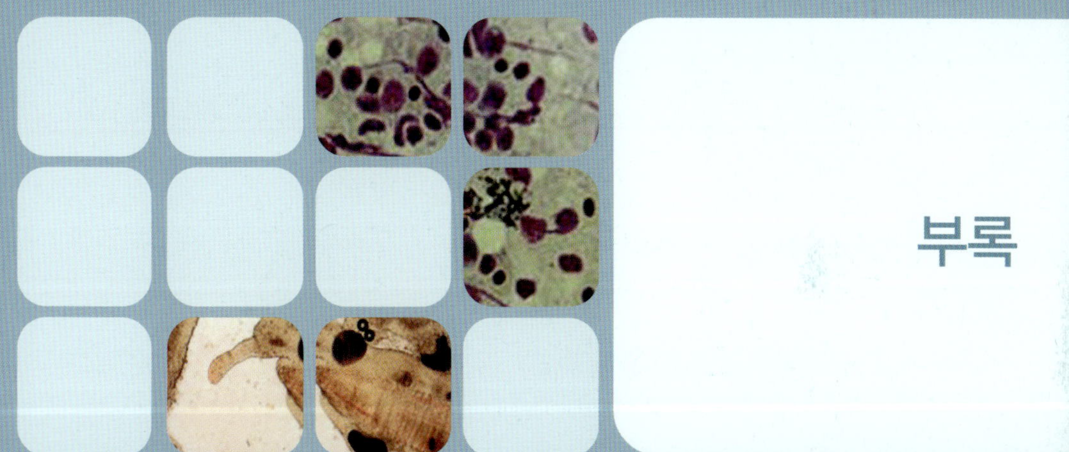

부록

수산용 의약품 관련 법규 및 규정

여기에 기재된 법규 내용은 양식어업인이 알기 쉽게 수산용 의약품과 관련되는 조항을 발췌하여 요약하였으니, 전문에 대한 내용은 본 책자의 **"참고가 되는 홈페이지주소"** 에서 해당 법률명으로 검색하시기 바랍니다.

※ 농림수산식품부의 조직개편에 따라서 국립수의과학검역원과 국립수산물품질검사원은 농림수산검역검사본부로 통합되었습니다.(2011. 6. 15)

1. 약사법(법률 제11251호, 시행 2013.8.2, 2012.2.1, 일부개정)

1) 제1조(목적)

○ 이 법은 약사(藥事)에 관한 일들이 원활하게 이루어질 수 있도록 필요한 사항을 규정하여 국민보건 향상에 기여하는 것을 목적으로 한다.

2) 제85조(동물용 의약품 등에 대한 특례)

○ 제1항 : 식품의약품안전청장의 소관사항 중 동물용으로만 사용하는 목적의 의약품 또는 의약외품에 관한 소관부서는 농림수산식품부이고, 해당규정의 농림부령을 발할 때는 식품의약품안전청장과 협의하여야 한다.

○ 제2항 : 동물용 의약품의 사용 기준을 정할 수 있다.

○ 제3항 : 제2항에 따라 사용기준이 정해진 동물용 의약품을 사용하는 자는 그 기준을 준수해야 하나, 수의사 및 수산질병관리사의 진료 또는 처방에 따라 사용할 경우는 그 기준을 지키지 않아도 된다.

○ 제4항 : 「수의사법」 에 따른 동물병원 개설자는 제44조에도 불구하고 동물 사육자에게 동물용 의약품을 판매하거나, 동물을 진료할 목적으로 제50조제2항 단

서에 따라 약국개설자로부터 의약품을 구입할 수 있다. 이 경우 동물병원 개설자는 농림수산식품부령으로 정하는 바에 따라 거래 현황을 작성 · 보존하여야 한다.

○ 제5항 : 기르는어업육성법에 따른 수산질병관리원 개설자는 제44조에도 불구하고 수산생물양식자에게 수산생물용 의약품 판매 가능

○ 제6항 : 이 법에 따라 동물용 의약품 도매상의 허가를 받은 자는 농림수산식품부장관이 정하여 고시하는 다음 각 호의 어느 하나에 해당하는 동물용 의약품을 수의사 또는 수산질병관리사의 처방전 없이 판매하여서는 아니 된다. 다만, 동물병원 개설자, 수산질병관리원 개설자, 약국개설자 또는 동물용 의약품 도매상 간에 판매하는 경우에는 그러하지 아니하다. 〈신설 2012.2.1〉

- 제1호 : 오용 · 남용으로 사람 및 동물의 건강에 위해를 끼칠 우려가 있는 동물용 의약품
- 제2호 : 수의사 또는 수산질병관리사의 전문지식을 필요로 하는 동물용 의약품
- 제3호 : 제형과 약리작용상 장애를 일으킬 우려가 있다고 인정되는 동물용 의약품

○ 제7항 : 약국개설자는 제6항 각 호에 따른 동물용 의약품을 수의사 또는 수산질병관리사의 처방전 없이 판매할 수 있다. 다만, 농림수산식품부장관이 정하는 다음 각 호의 어느 하나에 해당하는 동물용 의약품은 그러하지 아니하다. 〈신설 2012.2.1〉

- 제1호 : 주사용 항생물질 제제
- 제2호 : 주사용 생물학적 제제

○ 제8항 : 제6항 및 제7항에도 불구하고 이 법에 따라 동물용 의약품을 판매하는 자는 다음 각 호의 어느 하나에 해당하면 제6항 각 호에 따른 동물용 의약품을 수의사 또는 수산질병관리사의 처방전 없이 판매할 수 있다. 이 경우 판매방법 · 기록관리 및 구입자의 범위 · 준수사항, 그 밖에 필요한 사항은 농림수산식품부령

으로 정한다. 〈신설 2012.2.1〉

- 제1호 : 농림수산식품부장관이 정하는 도서 · 벽지의 축산농가 또는 수산생물양식어가에 판매하는 경우
- 제2호 : 농림수산식품부장관, 시 · 도지사 또는 시장 · 군수 · 구청장이 긴급방역의 목적으로 「가축전염병예방법」 제15조 또는 「수산생물질병 관리법」 제13조에 따라 동물용 의약품의 사용을 명령한 경우

○ 제9항 : 이 법에 따라 동물용 의약품을 판매하는 자는 담합행위의 금지, 판매장소의 지정, 기록관리 등 동물용 의약품의 유통체계 확립과 판매질서 유지를 위하여 농림수산식품부령으로 정하는 사항을 준수하여야 한다. 〈신설 2012.2.1〉

[제목개정 2012.2.1]

[시행일 : 2012.2.14] 제85조제1항

[시행미지정] 제85조

3) 제93조(벌칙)

○ 제1항 : 다음 각 호의 어느 하나에 해당하는 자는 5년 이하의 징역 또는 2천만원 이하의 벌금에 처한다.

- 제10호 : 제61조(판매등의 금지)를 위반한 자

4) 제95조(벌칙)

○ 제1항 : 다음 각 호의 어느 하나에 해당하는 자는 1년 이하의 징역 또는 300만 이하의 벌금에 처한다.

- 제8호 : 제47조제1항 · 제4항 또는 제85조제9항을 위반한 자
- 제10호 : 제60조(기재금지 사항), 제68조(과장광고 등의 금지)를 위반한 자
- 제11호 : 제85조제6항 · 제7항을 위반하여 처방전 없이 동물용 의약품을 판매한 자

○ 제2항 : 제1항의 징역과 벌금은 병과(倂科)할 수 있다.

5) 제98조(과태료)

○ 제1항 : 각호 어느 하나에 해당하는 자는 100만원 이하의 과태료 부과

- 제10호 : 제85조(동물용 의약품 등에 대한 특례) 제3항(사용 기준 준수)을 위반하여 동물용 의약품의 사용 기준을 지키지 아니한 자

○ 참고 : 약사법시행령 제39조(과태료의 부과 · 징수절차)

2. 동물용 의약품등 취급규칙(타법개정 2011.9.20., 농림수산식품부령 제206호)

1) 제1조(목적)

○ 이 규칙은 「약사법」 제53조 동물용 의약품의 국가검정에 관한 사항과 같은 법 제85조에 따른 동물용 의약품 · 동물용 의약외품 또는 「의료기기법」 제39조에 따른 동물용 의료기기의 제조 · 수입 및 판매 등을 규정함을 목적으로 한다.

2) 제2조(정의)

○ 제1항 : 이 규칙에서 사용하는 용어의 정의는 다음 각 호와 같다.

1. "동물용 의약품" 이라 함은 동물용으로만 사용함을 목적으로 하는 의약품을 말하며, 양봉용 · 양잠용 · 수산용 및 애완용(관상어를 포함한다. 이하 같다) 의약품을 포함한다.

2. "수산용 동물용 의약품" 이라 함은 어패류 등에 사용함을 목적으로 하는 동물용 의약품

3. "동물용 의약외품" 이라 함은 다음 각 목의 어느 하나에 해당하는 물품으로서 국립수의과학검역원장(이하 "검역원장" 이라 한다)이 정하여 고시하는 것을 말한다.

가. 구중청량제 · 욕용제(욕용제) · 세척제 · 탈취제 등 애완용제제, 축사소독제, 해충의 구제제 및 영양 보조제로서의 비타민제 등 동물에 대한 작용이 경미

하거나 직접 작용하지 아니하는 것으로서 기구 또는 기계가 아닌 것과 이와 유사한 것

나. 동물질병의 치료 · 경감 · 처치 또는 예방의 목적으로 사용되는 섬유 · 고무제품 또는 이와 유사한 것 “동물용 의약외품” 이라 함은 다음 각 목의 어느 하나에 해당하는 물품으로서 국립수의과학검역원장이 정하여 고시하는 것을 말함.

6. “사료첨가제” 라 함은 비타민제 · 푸로비타민제 · 항생물질 · 항균제 · 항산화제 · 항곰팡이제 · 효소제 · 생균제 · 아미노산제 및 미량광물질등 사료에 첨가하여 질병의 예방, 결핍물의 보충, 사료효율의 증진 및 성장촉진등을 목적으로 사용하는 동물용 의약품 또는 동물용 의약외품을 말한다.

3) 제4조(동물용 의약품 등의 제조업 허가신청 등)

○ 동물용 의약품을 제조하는 자는 소정의 서류들을 첨부하여 검역원장에게 제출

4) 제5조(동물용 의약품 등의 제조품목 허가 신청 등)

○ 동물용 의약품의 제조품목허가를 받으려 하는 자는 소정의 서류들을 첨부하여 검역원장에게 제출

5) 제7조 (동물용 의약품 등의 품목에 대한 안전성 · 유효성의 심사)

○ 제1항 : 법 제31조제2항 · 제4항 · 제7항 및 법 제42조제1항 · 제4항 또는 「의료기기법」 제6조제2항 · 제5항 및 같은 법 제14조제2항 · 제5항에 따라 동물용 의약품 등의 품목허가 또는 품목변경허가를 받고자 하거나 품목신고 또는 품목변경신고를 하려는 자는 다음 각 호의 자료를 갖추어 그 품목에 대한 안전성 · 유효성의 심사를 받아야 한다. 이 경우 심사대상품목, 자료작성요령, 자료의 요건 · 면제범위와 심사기준등에 관한 세부적인 사항은 검역원장이 정한다.

1. 기원 또는 발견 · 개발경위에 관한 자료
2. 구조결정 · 물리화학적 성질에 관한 자료

3. 안정성에 관한 자료
4. 독성에 관한 자료
5. 약리작용에 관한 자료
6. 임상시험성적에 관한 자료
7. 외국에서의 사용현황 등에 관한 자료
8. 국내유사제품과의 비교검토와 그 밖의 특성에 관한 자료
9. 잔류에 관한 자료
10. 생물학적 동등성에 관한 시험자료

○ 제2항 : 제1항에 따라 안전성 · 유효성의 심사를 받고자 하는 자는 제1항 각호의 자료를 첨부하여 검역원장에게 제출하여야 하며, 검역원장은 이의 타당성 여부를 검역원장이 지정하는 시험기관(이하 "시험기관" 이라 한다)으로 하여금 검토하게 할 수 있다.

○ 제3항 : 법 제34조 또는「의료기기법」제10조에 따라 임상시험을 실시하려는 자는 임상시험계획을 수립하여 검역원장의 승인을 얻어야 한다. 승인을 얻은 임상시험계획을 변경할 때에도 또한 같다.

5) 제46조(동물용 의약품의 안전사용기준)

○ 검역원장은 동물용 의약품의 사용으로 인한 공중위생상 위해를 방지하기 위하여 필요하다고 인정되면 법 제85조제2항에 따라 다음 각 호의 사항에 대한 동물용 의약품 안전사용기준을 정하여 고시할 수 있다.

1. 배합사료의 제조시 첨가하여 사용하는 동물용 의약품에 대한 그 사용대상 동물 · 첨가한도량 및 대상배합사료등
2. 동물용 의약품의 오용 · 남용 방지를 위한 사용대상동물, 용법 · 용량 및 사용금지기간등

3. 동물용 의약품의 안전사용기준(농림수산검역검사본부 고시 제2011-20호 2011.6.15.)

1) 제1조(목적)

○ 약사법 제85조제2항 및 동물용 의약품등 취급규칙 제46조의 규정에 의해 동물의 질병을 치료 또는 예방의 목적으로 사용되는 동물용 의약품의 안전사용기준을 정함으로써 동물체내에 잔류로 인한 국민 건강의 위해를 방지함을 목적으로 한다.

2) 제2조(정의)

○ 제1호 : "동물용 의약품" 이라 함은 동물질병의 예방 및 치료를 위하여 사용하는 의약품

○ 제2호 : "수산용 동물용 의약품" 이라 함은 수생동물의 질병예방 및 치료를 위하여 사용하는 동물용 의약품

○ 제3호 : "대상동물" 이라 함은 식용을 목적으로 사육하는 어류 등

○ 제4호 : "휴약기간" 이라 함은 식용으로 사용하기 전에 동물용 의약품을 일정기간 사용을 금지하는 기간

○ 제5호 : "출하제한기간" 이라 함은 수의사 또는 수산질병관리사의 진료 또는 처방에 의하여 수산용 동물용 의약품을 사용한 경우 동물 체내잔류를 방지하기 위하여 출하전 일정기간 출하를 제한하는 기간

3) 제3조(사용자의 준수사항)

○ 법 제85조제3항 및 동물용의약품등취급규칙 제46조의 규정에 의하여 동물용 의약품을 사용하는 사용자는 다음 사항을 준수하여야 한다.

○ 제1호 : 별표 1에 제시한 동물용 의약품을 사용할 때에는 대상동물, 용법 및 용량과 휴약기간을 준수하여야 한다.

○ 제2호 : 수의사 또는 수산질병사관리사의 처방에 의하여 별표 1에 제시한 대상동물 이외의 동물에 사용하거나 용량을 증량하여 사용할 경우, 수의사 또는 수산

[별표 1]

동물용 의약품	대상 동물	용 법 · 용 량	휴약기간
후로르페니콜 (Florfenicol)	방어, 송어, 은어, 뱀장어	1일 용량으로 체중 kg당 10mg이하 양을 사료 혼합 경구투여	방어 5일 송어, 은어14일, 뱀장어 7일
후루메퀸 (Flumequine)	방어, 광어, 송어, 잉어, 붕어, 뱀장어	1일 용량으로 체중 kg당 20mg이하 양 사료 혼합하여 경구투여	방어, 광어, 송어, 잉어, 붕어, 뱀장어 8일
옥소린닉산 (Oxolinic acid)	방어 송어 잉어 뱀장어	1일 용량으로 체중 kg당 30mg이하 양 사료 혼합하여 경구투여 1일 용량으로 체중 kg당 20mg이하 양 사료 혼합하여 경구투여 1일 용량으로 체중 kg당 10mg이하 양 사료 혼합하여 경구투여 1일 용량으로 체중 kg당 20mg이하 양 사료 혼합하여 경구투여	방어 16일 송어 21일 잉어 28일 뱀장어 25일
옥소린닉산 (Oxolinic acid)	뱀장어 은어	5g을 물 1톤에 녹여 약욕 10g을 물 1톤에 녹여 약욕	뱀장어 25일 은어 14일
옥시테트라사이클린 (Oxytetracycline)	방어, 뱀장어, 송어, 참돔, 넙치, 조피볼락, 담수어(잉어, 메기)	1일 용량으로 체중 1kg당 50mg(역가) 이하 양 사료 혼합 경구투여	방어 20일, 뱀장어 20일, 송어 30일, 참돔 20일, 넙치 40일, 조피볼락 20일, 담수어(잉어, 메기) 20일
포르말린	넙치	약욕시 투여량(㎖/물 1톤)은 100-200㎖, 1시간 ※ 배출방법 : 처리용수의 20배이상 희석하여 배출	100도일(degree day) $= \frac{100}{수온(℃)}$
	어란(무지개 송어 및 연어)	약욕시 투여량(ml/물 1톤)은 1,000~2,000㎖, 1시간 ※ 배출방법 : 처리용수의 200배이상 희석하여 배출	-

[별표 3]

출하제한기간 지시서

년 월 일

지시에 관한 동물의 소유자 또는
관리자의 주소 및 성명

수의사 또는 수산질병관리사의 주 소 :
성 명 : 인

동물용 의약품의 안전사용기준(농림수산검역검사본부 고시) 제4조의 규정에 의하여 아래와 같이 지시함.

– 다 음 –

1. 지시에 관한 동물의 종류 및 두수(마리수)
2. 지시에 관한 동물의 명호, 성, 년령 또는 특징
3. 지시년월일 또는 출하제한기간

지시년월일	식용에 사용하기 위하여 출하하여서는 아니되는 기간	
	동 물	생 산 물
	월 일 까지	월 일 까지

4. 참고사항

질병관리사의 출하제한지시서에 의한 출하제한기간을 준수하여야 한다.

○ 제4호 : 별표 1에 제시되어 있지 아니한 수산용 동물용 의약품으로서 식품위생법 제7조제1항에 따라 잔류허용기준이 설정된 품목을 사용하는 경우, 당해제품의 포장 및 용기 등에 표시된 사항인 대상동물(어종), 용법용량 및 휴약기간을 준수하여야 한다.

4) 제4조(수의사 또는 수산질병관리사의 사용특례)

○ 법제85조제3항 단서의 규정에 의하여 수의사 또는 수산질병관리사의 진료 또는 처방에 의하여 동물용 의약품 또는 수산용 동물용 의약품을 사용할 경우, 대상동물의 소유자 또는 관리자에게 "출하제한지시서"를 발급해야 하고, 이 경우 이 기준에서 정한 휴약기간 이상의 기간을 출하제한기간으로 지시하여야 한다.

4. 안전성 및 유효성 문제성분 함유제제 등에 관한 규정 (농림수산검역검사본부 고시 제2011-13호 2011.6.15.)

가. 제1조(목적)

○ 이 규정은 약사법 제26조제8항 및 제34조제5항, 의료기기법 제6조제7항 및 동법 제14조제5항, 동물용의약품등취급규칙 제8조제1항제1호 및 제7호의 규정에 의하여 안전성 · 유효성 문제성분 함유제제와 소해면상뇌증 등 위해질병의 감염우려가 있는 원료성분 함유품목에 관한 사항을 정하여 제조 · 수입품목 허가(신고)를 제한 또는 금지함으로써 동물용 의약품 등의 제조 · 수입관리에 적정을 기함을 목적으로 한다.

나. 제2조(안전성 및 유효성 문제성분 함유제제)

○ 동물용의약품등취급규칙 제8조제1항제1호의 규정에 의하여 안전성 및 유효성에 문제가 있는 것으로 확인된 제제는 다음 각 호의 1과 같다.

1. 무기비소제제
2. 피리메타민제제(다만, 수의사 진료용 주사제는 제외한다.)
3. 항갑상선물질
4. 성장촉진호르몬제(다만, 생체내 자연적으로 존재하는 성분과 그 유도체 및 시험기관에서 무해함이 인정된 제제는 제외한다.)
5. 니트로후란제제(후라졸리돈, 후랄타돈, 니트로푸라존, 니트로빈 및 니트로푸란토인 등)
6. 클로람페니콜 제제(다만, 외용제는 제외한다.)
7. 디메트리다졸
8. 기타 발암성 등 안전성 및 유효성에 문제가 있는 것으로 확인된 당펩타이드계 항생제(아보파신, 반코마이신 등), 클로르프로마진, 클렌부테롤, 이프로니다졸, 말라카이트-그린, 콜치신, 스트리키닌, 디에칠스틸베스트롤, 유기염소제 및 클로르포름 함유제제

5. 수산자원관리법(법률 제10291호, 2010.5.17., 일부개정, 시행 2010.11.18.)

1) 제35조(수산자원의 회복을 위한 명령)

○ 제1항 : 행정관청은 해당 수산자원을 적정한 수준으로 회복시키기 위하여 다음 각 호의 사항을 명할 수 있다. 이 경우 그 명령을 고시하여야 한다.

3. 수산자원의 병해방지를 목적으로 사용하는 약품이나 물질의 제한 또는 금지

6. 수산동물질병관리법(법률 제8852호 2008.2.29. 타법개정, 시행 2008.12.22.)

○ 제40조 (허가받지 아니한 의약품 등의 사용제한 등) : 농림수산식품부장관은 수산동물양식시설에서 수산용 의약품이 오 · 남용되거나 허가를 받지 아니한 의약품

또는 화학물질의 사용으로 인하여 농림수산식품부령으로 정하는 공중위생상의 중대한 위해가 발생할 우려가 있다고 인정되는 경우에는 수산동물양식자에게 해당 수산용 의약품 또는 허가받지 아니한 의약품 또는 화학물질에 대한 사용제한 또는 사용금지를 명할 수 있다.

○ 제53조(벌칙) : 다음 각 호의 어느 하나에 해당하는 자는 3년 이하의 징역 또는 1천500만원 이하의 벌금에 처한다.

- 제9호: 제40조에 따른 수산동물용 의약품, 허가받지 아니한 의약품 또는 화학물질에 대한 사용제한 또는 사용금지의 명령에 따르지 아니한 자

※ 수산동물질병 관리법이 2011년 7월 21일 수산생물질병 관리법(법률 제10888호)으로 개정되어 2012년 7월 22일 시행될 예정임

7. 수산동물질병관리법 시행규칙(농림수산식품부령 제125호, 2010.5.31., 타법개정)

○ 제40조(수산동물용 의약품 등의 사용제한) : 법 제40조 전단에서 "농림수산식품부령으로 정하는 공중위생상의 중대한 위해" 란 다음 각 호의 어느 하나에 해당하는 위해를 말한다.

1. 수산동물 체내의 잔류물로 인한 국민건강에의 위해
2. 수질 또는 수중 생태계의 심각한 오염이나 파괴

※ 수산동물용 의약품으로 사용제한 물질의 세부규정에 관해서는 농림수산식품부 양식산업과에서 지자체 등 시행된 공문서에 의거(양식산업과-5호, 2009.01.02.)

수산동물용 의약품으로 사용제한 물질 (제40조 관련)

1. 무기비소제제
2. 피리메타민제제(다만, 수의사 진료용 주사제는 제외한다)
3. 항갑상선물질
4. 성장촉진호르몬제(다만, 생체내 자연적으로 존재하는 성분과 그 유도체 및 시험기관에서 무해함이 인정된 제제는 제외한다)
5. 니트로후란제제(후라졸리돈, 후랄타돈, 니트로푸라존, 니트로빈 및 니트로푸란토인 등)
6. 클로람페니콜 제제(다만, 외용제는 제외한다.)
7. 디메트리다졸
8. 발암성 등 안전성 및 유효성에 문제가 있는 것으로 확인된 당펩타이드계 항생제(아보파신, 반코마이신 등), 클로르프로마진, 클렌부테롤, 이프로니다졸, 말라카이트-그린, 콜치신, 스트리키닌, 디에칠스틸베스트롤, 유기염소제 및 클로르포름 함유제제
9. 시프로플록사신, 노플록사신, 페플록사신, 오플록사신(단, 2008.6.30일까지 제조된 제품의 경우, 제품 유효기간까지 사용 가능)
10. 메틸렌블루, 과망간산칼륨, 황산동, 차아염소산칼륨
11. 기타 유해화학물질관리법 제2조 제3호 및 제4호와 유해화학물질관리법 시행령 제2조 규정에 따른 유독물 및 관찰물질. 단, 약사법 제85조에 의거 수산동물용 의약품으로 허가받은 물질은 제외한다.

8. 식품의 기준 및 규격중 개정[식품의약품안전청고시 제2008-51호 (2008.8.13.) 및 제2012-15호(2012.4.23.)]

○ 식품위생법 제7조제1항의 규정에 의해 식품공전 제2. 식품일반에 대한 공통기준 및 규격, 5. 식품의 기준 및 규격, (11) 동물용의약품의 잔류허용기준 설정

○ 제 2, 5, 11), (1) 중 ①을 다음과 같이 하고, ⑤를 다음과 같이 신설한다.

① 관련법령에서 안전성 및 유효성에 문제가 있는 것으로 확인되어 제조 또는 수입 품목허가를 하지 아니하는 동물용의약품(대사물질 포함)은 검출되어서는 안됨. 이에 해당되는 주요 물질은 아래와 같으며, 아래에 명시하지 않은 물질에 대해서도 관련법령에 근거하여 본 항을 적용할 수 있다.

번호	식품*[1] 중 검출되어서는 아니 되는 물질
1	니트로푸란{푸라졸리돈(Furazolidone), 푸랄타돈(Furaltadone), 니트로푸라존(Nitrofurazone), 니트로푸란토인(Nitrofurantoine), 니트로빈(Nitrovin) 등} 제제 및 대사물질*[2]
2	클로람페니콜(Chloramphenicol)
3	말라카이트 그린(Malachite green) 및 대사물질
4	디에틸스틸베스트롤(Diethylstilbestrol, DES)
5	디메트리다졸(Dimetridazole)
6	클렌부테롤(Clenbuterol)
7	반코마이신(Vancomycin)
8	클로르프로마진(Chlorpromazine)
9	티오우라실(Thiouracil)
10	콜치신(Colchicine)
11	피리메타민(Pyrimethamine)
12	메드록시프로게스테론 아세테이트(Medroxyprogesterone acetate, MPA)

※주1. 축산물 및 동물성 수산물과 그 가공식품에 한한다.

※주2. 니트로푸라존의 대사물질인 세미카바자이드(Semicarbazide, SEM)는 비가열 축산물 및 동물성 수산물(단순절단 포함)에 한하여 적용한다.

⑤ 「식품의 기준 및 규격」 및 국제식품규격위원회에도 잔류기준이 없는 동물용의약품 중 항생물질 및 합성항균제에 대하여 축 · 수산물(유, 알 포함) 및 벌꿀(로얄젤리, 프로폴리스 포함)의 잔류기준을 0.03mg/kg으로 적용한다.

○ 동물용 의약품 잔류허용기준

약제의 유효성분명	기준치(mg/kg)	구 분	일부개정 관련고시
스피라마이신(Spiramycin) : 항생제	0.2	어류*, 갑각류	제2004-18호(2004.3.2) 제2010-51호(2010.6.30) 제2012-15호(2012.4.23)
플루메퀸(Flumequine) : 항생제	0.5	어류*, 갑각류	제2006-15호(2006.4.20) 제2010-51호(2010.6.30) 제2012-15호(2012.4.23)
옥소린산(Oxolinic acid) : 합성항균제	0.1	갑각류	제2006-15호(2006.4.20)
	0.1	송어, 연어, 방어, 뱀장어, 은어, 잉어	제2010-51호(2010.6.30) 제2012-15호(2012.4.23)
엔로플록사신(Enrofloxacin) [시프로플록사신(Ciprofloxacin)과 합으로서] : 합성항균제	0.1	어류*, 갑각류	제2006-15호(2006.4.20) 제2010-51호(2010.6.30) 제2012-15호(2012.4.23)
옥시테트라싸이클린/클로르테트라싸이클린/테트라싸이클린(Oxytetracycline/Chlortetracycline/Tetracycline, 합으로서) : 항생제	0.2	어류*, 갑각류, 전복	제2007-63호(2007.9.6) 제2010-51호(2010.6.30) 제2012-15호(2012.4.23)
독시싸이클린(Doxycycline) : 항생제	0.05	어류*	제2007-63호(2007.9.6) 제2010-51호(2010.6.30) 제2012-15호(2012.4.23)
아목시실린(Amoxicillin) : 항생제	0.05	어류*, 갑각류	제2007-63호(2007.9.6) 제2010-51호(2010.6.30) 제2012-15호(2012.4.23)
암피실린(Ampicillin) : 항생제	0.05	어류*, 갑각류	제2007-63호(2007.9.6) 제2010-51호(2010.6.30) 제2012-15호(2012.4.23)
※설파제[Sulfonamides의 총합으로서] : 합성항균제	0.1	어류*	제2007-63호(2007.9.6) 제2010-51호(2010.6.30) 제2012-15호(2012.4.23)
노르플록사신(Norfloxacin) : 합성항균제	불검출	어류, 갑각류	제2008-51호(2008.8.13) 제2010-51호(2010.6.30)
오플록사신(Ofloxacin) : 합성항균제	불검출	어류, 갑각류	제2008-51호(2008.8.13) 제2010-51호(2010.6.30)
페플록사신(Pefloxacin) : 합성항균제)	불검출	어류, 갑각류	제2008-51호(2008.8.13) 제2010-51호(2010.6.30)
린코마이신(Lincomycin) : 항생제	0.1	어류*, 갑각류	제2008-51호(2008.8.13) 제2010-51호(2010.6.30) 제2012-15호(2012.4.23)

콜리스틴(Colistin) : 항생제	0.15	어류*, 갑각류	제2008-51호(2008.8.13) 제2010-51호(2010.6.30) 제2012-15호(2012.4.23)
기준치 미설정 항생제 및 합성항균제	0.03	수산물	제2008-51호(2008.8.13) 제2010-51호(2010.6.30)
에리스로마이신(Erythromycin) : 항생제	0.2	어류*	제2009-24호(2009.5.7) 제2010-51호(2010.6.30) 제2012-15호(2012.4.23)
델타메쓰린(Deltamethrin) : 살충제	0.03	어류*	제2009-24호(2009.5.7) 제2010-51호(2010.6.30)
날리딕스산(Nalidixic acid) : 합성항균제	0.03	어류*	제2010-25호(2010.4.30) 제2010-51호(2010.6.30)
디플록사신(Difloxacin) : 합성항균제	0.3	어류*, 갑각류	제2010-25호(2010.4.30) 제2010-51호(2010.6.30)
세팔렉신(Cefalexin) : 항생제	0.2	어류*	제2010-25호(2010.4.30) 제2010-51호(2010.6.30) 제2012-15호(2012.4.23)
조사마이신(Josamycin) : 항생제	0.05	어류*	제2010-25호(2010.4.30) 제2010-51호(2010.6.30) 제2012-15호(2012.4.23)
키타사마이신(Kitasamycin) : 항생제	0.2	어류*	제2010-25호(2010.4.30) 제2010-51호(2010.6.30) 제2012-15호(2012.4.23)
플로르페니콜(Florfenicol): 항생제	0.2	어류*	제2010-25호(2010.4.30) 제2010-51호(2010.6.30) 제2012-15호(2012.4.23)
	0.1	갑각류	제2010-25호(2010.4.30) 제2010-51호(2010.6.30) 제2012-15호(2012.4.23)
겐타마이신(Gentamicin) : 항생제	0.1	넙치, 송어, 잉어	제2010-51호(2010.6.30) 제2012-15호(2012.4.23)
네오마이신(Neomycin) : 항생제	0.5	어류*, 갑각류	제2010-51호(2010.6.30) 제2012-15호(2012.4.23)
티아물린(Tiamulin) : 항생제	0.1	어류*	제2010-51호(2010.6.30) 제2012-15호(2012.4.23)
트리메토프림(Trimethoprim): 합성항균제	0.05	어류*, 갑각류	제2010-51호(2010.6.30)
오르메토프림(Ormethoprim) : 합성항균제	0.1	어류*	제2012-15호(2012.4.23)
티암페니콜(Thiamphenicol) : 항생제	0.05	방어, 넙치, 송어, 틸라피아, 참돔, 메기, 은어	제2012-15호(2012.4.23)
클린다마이신(Clindamycin): 항생물질	0.1	뱀장어, 넙치	제2010-51호(2010.6.30)
프라지콴텔(Praziquantel): 구충제	0.02	조피볼락	제2010-51호(2010.6.30)

*어류 : 가물치, 감성돔, 넙치, 농어, 능성어, 메기, 미꾸라지, 민물돔, 방어, 뱀장어, 붕어, 송어, 숭어, 조피볼락, 은어, 임연수어, 잉어, 전갱이, 전어, 쥐치, 참돔 등에 한한다(시행일 : 2012년 5월1일).

※설파제 : 설파클로르피리다진(Sulfachlorpyridazine), 설파디아진(Sulfadiazine), 설파디메톡신(Sulfadimethoxine), 설파메톡시피리다진(Sulfamethoxypyridazine), 설파메라진(Sulfamerazine), 설파메타진(Sulfamethazine, Sulfadimidine), 설파메톡사졸(Sulfamethoxazole), 설파모노메톡신(Sulfamonomethoxine), 설파티아졸(Sulfathiazole), 설파퀴녹살린(Sulfaquinoxaline), 설파독신(Sulfadoxine), 설파페나졸(Sulfaphenazole), 설피속사졸(Sulfisoxazole), 설파클로르피라진(Sulfachlorpyrazine, Sulfaclozine), 설파구아니딘(Sufaguanidine)의 합(15종류)

9. 유해화학물질관리법(법률 제10339호, 2010. 6.4., 타법개정, 시행 2010.7.5.)

1) 제1조(목적)

○ 이 법은 화학물질로 인한 국민건강 및 환경상의 위해(危害)를 예방하고 유해화학물질을 적절하게 관리함으로써 모든 국민이 건강하고 쾌적한 환경에서 생활할 수 있게 함을 목적으로 한다.

2) 제2조(정의) : 이 법에서 사용하는 용어의 뜻은 다음과 같다.

8. "유해화학물질" 이란 유독물, 관찰물질, 취급제한물질 또는 취급금지물질(이하 "취급제한 · 금지물질" 이라 한다), 사고대비물질, 그 밖에 유해성 또는 위해성이 있거나 그러할 우려가 있는 화학물질을 말한다.

9. "유해성(有害性)" 이란 화학물질의 독성 등 사람의 건강이나 환경에 좋지 아니한 영향을 미치는 화학물질 고유의 성질을 말한다.

10. "위해성(危害性)" 이란 유해한 화학물질이 노출되는 경우 사람의 건강이나 환경에 피해를 줄 수 있는 정도를 말한다.

3) 제3조(적용범위)

○ 제1항 : 이 법은 다음 각 호의 어느 하나에 해당하는 화학물질에는 적용하지 아니한다.

2 : 「약사법」에 따른 의약품과 의약외품

10. 수산물품질관리법(법률 제10023호, 2010.2.4. 일부개정)

1) 제1조(목적)

○ 이 법은 수산물에 대한 적정한 품질관리를 통하여 수산물의 상품성과 안전성을 높이고 수산물 가공산업을 육성함으로써 어업인의 소득 증대와 소비자 보호에 이바지하는 것을 목적으로 한다.

2) 제42조(수산물의 안전성조사)

○ 제1항 : 농림수산식품부장관은 수산물의 품질 향상과 안전성 확보를 위하여 다음 각 호의 자재 등과 수산물에 남아 있는 중금속, 패류독소, 식중독균, 항생물질, 그 밖에 농림수산식품부령으로 정하는 유해물질이 생산단계인 수산물의 경우에는 농림수산식품부령으로 정하는 허용기준을 넘는지를, 저장단계 및 출하되어 거래되기 이전 단계인 수산물의 경우에는 「식품위생법」 등 관계 법령에 따른 잔류허용기준을 넘는지를 각각 조사(이하 "안전성조사" 라 한다)하여야 한다.

1 : 수산물을 생산하기 위하여 사용하거나 이용하는 용수(用水) · 어장 · 자재 등

2 : 생산단계 · 저장단계와 출하되어 거래되기 이전 단계의 수산물

○ 제2항 : 농림수산식품부장관은 제1항에 따른 허용기준을 정할 때에는 관계 중앙행정기관의 장과 협의하여야 한다.

○ 제3항 : 안전성조사의 대상 지역, 대상 품목의 선정 및 절차 등에 필요한 사항은 대통령령으로 정한다.

3) 제43조(안전성조사 결과에 대한 조치)

○ 제1항 : 농림수산식품부장관은 안전성조사 결과 남아 있는 중금속, 패류독소, 식중독균, 항생물질, 그 밖에 농림수산식품부령으로 정하는 유해물질이 제42조 제1항에 따른 허용기준이나 잔류허용기준을 넘는 경우에는 생산 · 저장 또는 출하

하는 자에게 서면으로 다음 각 호의 어느 하나에 해당하는 조치를 하여야 함. 다만, 제2호의 조치는 생산단계에서만 할 수 있다.

1 : 허용기준이나 잔류허용기준의 초과 사실 통지

2 : 용수 · 어장 · 자재 등의 개량명령과 이용 · 사용의 금지

3 : 그 수산물의 출하연기명령, 용도전환명령 또는 폐기명령과 처리방법의 지정

○ 제2항 : 제1항에 따른 조치를 받은 수산물의 생산자는 조치 내용에 따라 용수 · 어장 · 자재 등을 개량하거나 그 이용 · 사용의 중지 또는 그 수산물에 대하여 출하연기, 용도전환 또는 폐기 등을 하여야 한다.

○ 제3항 : 농림수산식품부장관은 제1항에 따른 조치를 받은 수산물의 저장자나 출하자가 통지된 내용에 따라 그 수산물에 대하여 출하연기, 용도전환 또는 폐기 등을 하지 아니하면 관계 행정기관의 장에게 통보하고 관계 법령에 따라 필요한 조치를 하여 줄 것을 요청하여야 한다.

4) 제46조(출입, 조사, 시료 채취 등)

○ 제1항 : 농림수산식품부장관은 다음 각 호의 어느 하나에 해당하는 사항의 확인 · 조사 · 점검 · 검사 · 재검사 · 검역 또는 재검역을 위하여 필요하면 관계 공무원으로 하여금 해당 영업장소, 사무소, 창고, 항공기, 선박, 해양시설, 양식시설이나 그 밖의 유사한 장소에 출입하여 수산물, 수산가공품, 자재, 시설, 오염물질 및 동물용 의약품 등에 대하여 확인 · 조사 · 점검 · 검사 · 재검사 · 검역 또는 재검역하게 하거나 필요한 최소량의 시료를 무상으로 채취 · 수거하게 할 수 있으며 영업 관계의 장부나 서류를 열람(이하 "출입등" 이라 한다)하게 할 수 있다.

5 : 제24조의3에 따른 오염물질의 배출, 가축의 사육행위 및 동물용 의약품의 사용 여부 확인 · 조사

9 : 제42조에 따른 안전성조사

○ 제2항 : 제1항에 따라 관계 공무원이 출입 등을 하는 때에는 수산물, 수산가공품, 자재, 시설, 오염물질 및 동물용 의약품 등의 생산자, 가공자, 소유자, 점유자, 판매자 또는 관리인 등은 정당한 사유 없이 이를 거부 · 방해 또는 기피하여서는 아니 된다.

11. 수산물품질관리법 시행령 (대통령령 제22151호, 2010.5.4., 타법개정, 시행 2010.5.5.)

1) 제38조(잔류허용기준 초과사실의 조치 및 처리방법)

○ 제43조제1항제3호의 규정에 의한 조치를 하는 경우에는 다음 각호의 1의 경우에 따라 조치하여야 한다.

1 : 수산물에 잔류된 유해물질이 시간이 경과함에 따라 분해 · 소실되어 일정기간이 지난 후 당해 수산물을 식용으로 사용하는 데 문제가 없다고 판단되는 경우 : 유해물질이 법 제42조제1항 본문의 규정에 의하여 농림수산식품부령이 정하는 허용기준 또는 「식품위생법」 등 관계법령에 의한 잔류허용기준 이하로 감소하는 기간까지 출하연기(생산단계 및 저장단계에 있는 수산물에 한한다)

2 : 수산물에 잔류된 유해물질의 분해 · 소실기간이 길어 당해 수산물을 식용으로 출하할 수는 없으나 사료 · 공업용원료 등 다른 용도로는 사용할 수 있다고 판단되는 경우 : 다른 용도로의 전환

3 : 제1호 또는 제2호의 규정에 의한 방법에 따라 수산물을 처리할 수 없는 경우 : 폐기

12. 수산물품질관리법 시행규칙(농림수산식품부령 제125호, 2010.5.31., 타법개정)

1) 제69조(유해물질의 잔류허용기준)

○ 법 제42조제1항의 규정에 의한 잔류허용기준은 다음 각호의 유해물질을 대상으로 하여 농림수산식품부장관이 정하여 고시한다.

1 : 항생물질 : 옥시테트라사이클린

5 : 그 밖에 농림수산식품부장관이 수산물의 안전성확보 및 국민의 건강보호를 위하여 특히 조사가 필요하다고 인정하는 유해물질

13. 친환경수산물 인증기준 및 대상품목 (농림수산식품부고시 제2009-426호, 2009.12.24. 개정)

○ 제3조(친환경수산물인증기준) : 수산물품질관리법 제8조의3제5항의 규정에 의한 친환경수산물인증기준은 별표 1과 같으며, 법 제8조의3제2항의 규정에 의해 친환경수산물인증을 받은 자는 동 기준을 준수하여야 한다.

별표 1

친환경수산물인증기준(제3조관련)

▷ 일반 원칙

친환경수산물인증을 받기 위해서는 종묘도입단계에서부터 인증품으로 출하시까지 기록한 다음의 양식경영관련 자료를 보관하고 국립수산물품질검사원장이 열람을 요구하는 때에는 이에 응할 수 있어야 한다.

(2) 질병발생 및 치료내역, 수산용 동물용 의약품 및 첨가제 등의 구입내역과 사용기록, 수산질병관리사 또는 수의사의 진료 및 처방내역 등

▷ 양식관리

(4) 양식어류의 채취, 운송 등을 전후하여 수산용 동물용 의약품 또는 화학적 물질 등을 사용하여서는 아니 된다.

▷ 수산용 동물용 의약품 사용

(1) 양식과정에서 발생할 수 있는 질병을 예방하기 위하여 사육환경 개선과 양식밀도 조절 등을 통하여 쾌적한 환경에서 양식이 이루어질 수 있도록 관리함으로써 수산용 동물용 의약품의 사용을 최소화하여야 한다.

(2) 수산용 동물용 의약품의 사용은 "동물용 의약품의 안전사용기준(국립수의과학검역원고시 제2007-25호)"에 따라 사용이 인가된 경우에 한하여 수산질병관리사 또는 수의사의 진료 또는 처방에 따라 사용하되 사용내역을 기록(사용자, 약품명(상표명), 사용량, 사용시간, 사용방법 등)하여 보관 관리하여야 하며, (3)에 따른 출하제한기간을 준수하여야 한다.

(3) 수산용 동물용 의약품을 사용한 경우에는 동 약품에 명시된 휴약기간의 2배의 기간이 경과한 경우에 한하여 판매용으로 출하를 할 수 있으며, 휴약기간이 불필요한 동물용 의약품을 사용한 경우에는 최소 1주일의 출하제한기간을 지켜야 한다.

(4) 가두리양식장의 경우 일부 가두리에 수산용 동물용 의약품을 사용하였어도 휴약기간 또는 출하제한기간의 적용은 전체 가두리를 대상으로 하여야 한다.

(5) 투약한 수조 또는 가두리 등에는 투약사항 및 휴약기간, 출하제한기간을 기록한 표지판을 부착하여 관리하여야 한다.

(6) 수산용 동물용 의약품은 안전사용을 위하여 잠금장치가 되어 있는 보관함에 별도 보관 관리하여야 한다.

▷ 생산물의 기준 및 검사

(3) 유해물질에 대한 검사는 국립수산물품질검사원 및 소속지원, 시 · 도 보건환경연구원, 공인 검사기관, 국립수산물품질검사원장이 인정하는 검사기관의 검사성적을 인정한다.

14. 친환경수산물인증에 관한 세부실시요령 (농림수산검역검사본부 고시 제2011-95호, 2011.6.15. 개정)

○ 제8조(생산과정조사 등) 제2항 : 제1항에 따른 생산과정조사는 「친환경수산물 인증기준 및 대상품목」 제3조의 기준에 의거 다음 각 호의 구분에 따른 점검표를 사용하여 조사할 수 있으며, 조사회수는 반기 1회 이상 실시한다. 다만, 소비자단체, 유통업체 등의 조사 요청이 있는 경우에는 검역검사소장 또는 사무소장이 판단하여 조사횟수 및 시기를 조절할 수 있다.

<관련기관 홈페이지 주소>

○ 국립수산과학원 어병정보센터
http://fdcc.nfrdi.re.kr/main/main.jsp

○ 동물약품편람 검색
http://lwoffice.co.kr/kvpd/

○ (사)한국동물약품협회 제품명 검색
http://kahpa.or.kr/index_k.htm

○ 농림수산검역검사본부(구 국립수의과학검역원, 구 국립수산품질검사원)
http://www.qia.go.kr/

○ 동물용 의약품 정보관리 시스템
http://medi.qia.go.kr/

○ 농림수산검역검사본부(구 국립수의과학검역원) 동물약품 정보
http://www.nvrqs.go.kr/Ex_Work/Animal_medicine/main.asp

○ 식품의약품안전청 법령정보
http://kfda.go.kr/index2.html

○ 법제처 종합법령센터
http://www.klaw.go.kr/

○ 국립수산과학원
http://www.nfrdi.re.kr/

○ 농림수산식품부
http://www.mifaff.go.kr/

<수산용 의약품 제조회사 홈페이지 주소 및 연락처>

※ 질병 치료 약품을 주로 생산하는 제조회사의 정보가 수록되어 있습니다.

1. **(주)고려비엔피** : http://kbnp.co.kr (031-478-5570)
2. **(주)넬바이오텍** : http://www.nelbio.com (031-674-0531)
3. **녹십자수의약품(주)** : http://www.gcvp.co.kr (064-764-8820)
4. **(주)다원케미칼** : http://www.daonechem.com (02-564-8454)
5. **대한뉴팜(주)** : https://www.dhnp.co.kr (02-3415-7853)
6. **(주)대성미생물연구소** : http://www.dsmbio.com (02-533-1104)
7. **(주)동방** : http://dongbangco.co.kr (02-2190-8100)
8. **동부한농(주)** : http://www.dongbuchem.com (02-3484-1500)
9. **(주)동화축산** : http://www.dongwha-vet.co.kr (031-776-0484~6)
10. **바이엘헬스케어(바이엘코리아)** : http://ah.bayerhealthcare.co.kr (02-829-6862)
11. **(주)빅솔** : http://www.vixxol.com (031-467-6767)
12. **(주)삼양애니팜** : http://www.syap.co.kr (080-388-7525)
13. **(주)삼우메디안** : http://www.samu.co.kr (02-3661-3511)
14. **(주)서울신약** : http://www.svp21.com (02-581-3600)
15. **(주)성원** : http://www.sungwonvet.co.kr (031-996-2621)
16. **(주)신일바이오젠** : http://www.shinilbio.co.kr (031-465-2131~5)
17. **(주)신한바이오켐** : http://www.okshinhan.com (031-352-7801)
18. **(주)씨티씨바이오** : http://www.ctcbio.com (070-4033-0200)
19. **(주)에스에프** : http://esef.co.kr (031-494-0389, 0390)
20. **(주)우성양행** : http://www.wsvet.co.kr (041-741-7836)
21. **우진비앤지(주)** : http://www.woogenebng.com (02-795-2361)
22. **(주)유한양행** : http://www.yuhan.co.kr (02-828-0183)
23. **(주)유니바이오테크** : http://www.ubtech.co.kr (02-585-1801)
24. **(주)이-글벳** : http://www.eaglevet.com (02-464-9065)

25. (주)이엘티사이언스 : http://www.eltscience.com (042-581-5303)
26. 이화팜텍(주) : http://www.ewhap.com (031-997-8661)
27. (주)제일바이오 : http://www.cheilbio.com (031-494-8406)
28. 참신약품(주) : http://www.chamshin.co.kr (031-321-1945)
29. (주)코미팜 : http://www.komilab.com (031-498-6104)
30. (주)코파벧스페셜 : http://www.kofavet.co.kr (02-584-2191)
31. 한동 : http://www.handongvet.co.kr (02-406-3511)
32. 한국썸벧 : http://www.thumbvet.co.kr (031-705-6464)
33. 진우약품(주) : 02-521-6838
34. (주)장백베트켐 : 02-469-2727
35. 보국(주) : 061-332-9666
36. (주)중앙바이오텍 : 02-537-0315
37. 케이씨애니헬 : 031-454-0930
38. (주)남전물산 : 041-956-7207
39. (주)소프트아쿠아 : 063-535-9953
40. 신우축산상사 : 02-2632-5341
41. 인터베트코리아(주) : 02-769-7500
42. (주)중앙백신연구소 : 042-863-9322
43. (주)보령바이오파마 : 02-708-8470
44. (주)엘지생명과학 : 02-3773-3671
45. (주)대동신약(수입) : 031-323-1323
46. 대암축산(수입) : 02-976-6123
47. 양하무역(수입) : 02-338-3961

수산동물질병관리법의 수산동물전염병 종류

- 수산동물전염병은 「수산동물질병관리법」에서 지정한 총 25종으로 어류에 11종, 패류에 5종 그리고 갑각류에 9종이 있음
  - 이 법은 2011년 7월 21일 「수산생물질병관리법」으로 개정되었으며, 수산동물전염병은 총 20종으로 어류에 8종, 패류에 5종 그리고 갑각류에 7종이 지정
    - * 개정 수산생물질병관리법의 시행일 : 2012년 7월 22일

[수산동물전염병 종류(25종)]

구분	어류(11종)	패류(5종)	갑각류 (9종)
바이러스(13종)	• 참돔이리도바이러스병 • 돌돔이리도바이러스병 • 바이러스성출혈성패혈증 • 바이러스성신경괴사증 • 전염성연어빈혈증 • 잉어허피스바이러스병 • 잉어봄바이러스병 • 전염성췌장괴사증 • 유행성조혈기괴사증	• 전복바이러스폐사증	• 흰반점병 • 노랑머리병 • 타우라증후군 • 구상바큘로바이러스증 • 사면바큘로바이러스증 • 전염성피하 및 조혈기괴사증 • 전염성근괴사증 • 흰꼬리병
진균(2종)	• 유행성궤양증후군		• 가재전염병
기생충(4종)	• 자일로닥틸루스증 (자일로닥틸루스살라스)	• 퍼킨수스감염증 (퍼킨수스마리스) • 보나미아감염증 (보나미아 오스트래 및 익시티오사) • 마르테일리아감염증 (마르테일리아래프리젠스)	
세균(1종)		• 제노할리오티스캘리포니엔시스 감염증	

※ 개정 수산생물질병관리법에서 8종, 같은법 시행규칙에서 12종이 지정되어 총 20종으로 변경

- 제외되는 수산동물전염병(5종) : 수산동물질병관리법에서 돌돔이리도바이러스, 바이러스성신경괴사증, 전염성췌장괴사증의 3종, 같은법 시행규칙에서 구상바큘로바이러스증, 사면바큘로바이러스증의 2종

수산동물전염병의 분류 및 전염병별 방역조치 사항

- 제1종 수산동물전염병 : 수산동물질병관리법에 살처분 대상 질병으로 명시되어 있는 질병
- 제2종 수산동물전염병 : 국내에서 상존하지 않는 질병으로서 국내에 유입되어서는 안되며, 효과적인 대책방법이 없고 위해도가 커서 감염 또는 질병 발생확인시 격리 및 입식제한 등의 긴급대책을 수립하여야 하는 질병
- 제3종 수산동물전염병 : 발생한 적이 있거나 발생할 가능성이 높은 질병으로, 감염 또는 질병발생 확인시 이동제한 및 소독 등의 방역대책을 수립하여야 하는 질병
- 제4종 수산동물전염병 : 국내에서 빈번히 발생하는 질병으로 관련 산업에 미치는 영향이 커서 주의를 요하며, 감염단계시 승인 후 제한적 이동이 가능하고, 질병 발생 단계시 이동제한 및 소독 등의 조치가 필요한 질병

질병의 분류	질병명	조치사항
제1종 수산동물전염병	잉어봄바이러스병	감염 및 질병발생 확인시 살처분
제2종 수산동물전염병	유행성궤양증후군, 유행성조혈기괴사증, 전염성 연어빈혈증, 자이로닥티루스살라리스, 가재전염병, 구상바큘로바이러스증, 사면바큘로바이러스증, 노랑머리병, 전염성근괴사증, 흰꼬리병, 제노할리오티스캘리포니엔시스, 전복바이러스폐사증	감염 및 질병발생 확인시 격리 및 입식제한, 방류금지
제3종 수산동물전염병	잉어허피스바이러스병, 바이러스성신경괴사증(종묘*), 바이러스성출혈성패혈증(종묘*), 보나미아감염증, 마르테일리아감염증, 퍼킨수스감염증, 타우라증후군, 전염성피하및조혈기괴사증	감염 및 질병발생 확인시 이동제한 및 소독, 방류금지
제4종 수산동물전염병	참돔이리도바이러스병, 돌돔이리도바이러스병, 바이러스성출혈성패혈증(양성어*), 바이러스성신경괴사증(양성어*), 전염성췌장괴사증, 흰반점병	질병발생 확인시 이동제한 및 소독, 방류금지

※ 종묘는 부화 후 3개월 이내, 양성어는 부화 후 3개월 이상 된 수산동물을 의미한다. 단, 구분이 어려울 시 수산동물방역관의 판단 하에 종묘와 양성어를 구분하여 방역조치를 취할 수 있다.

어류질병 현장가이드북

어종별 주요질병, 양식장 질병관리,
수산용 백신, 의약품 사용

집필진

책임

박명애(국립수산과학원 병리연구과장)

참여(국립수산과학원)

정승희 최혜승 김진도 도정완 권문경 서정수 김석렬 황지연 김명석
김진우 김응오

국립수산과학원

주 소 | 619-705 부산광역시 기장군 기장읍 기장 해안로 216

T E L | (051)720-2480, 2473

F A X | (051)720-2498

어류질병 현장 가이드북

(Field guide book for aquatic fish diseases)

인쇄일 | 2012년 6월 1일

발행일 | 2012년 6월 8일

발행인 | 문정구

발행처 | (주)바이오사이언스출판

주 소 | 서울시 서초구 방배동 479-4 호산빌딩 201호

T E L | (02)581-4057~8

F A X | (02)581-4059

편집부 | edit@biobooks.co.kr

영업부 | sales@biosciencepub.com

주 문 | order@biosciencepub.com

홈페이지 | http://www.biobooks.co.kr

ISBN 978-89-92709-87-3 03400

등록번호: 제22-3079호

값 18,000원